Idea man

Idea man

Idea man

最強の整理術

史上最強整理術

暢銷新版

掌握三大要領·力行七大守則 輕鬆提升工作效能

三橋志津子⊙著　Kainin⊙譯

〔前言〕

力行「七大守則」，創造高效能工作環境

摒棄完美，追求「可實現的整理」才是王道

為什麼「整理」這件事，讓人覺得就像人生中某個無法達成的目標呢？

幾經思考後，我得到的答案是：因為我們腦中那幅完美的理想圖，對達成目標形成了阻礙。如果你是因不擅長整理而煩惱的人，應該先想想自己真正希望達成的目標為何，並跳脫完美取向來思考。拋卻完美無缺的理想圖，捨棄不切實際的願望，這才是重點所在。

例如，即使捨棄了「大容量檔案櫃排列得井然有序的辦公室」這樣的理想圖，還是有許多難以實現的限制，到頭來只能回到原點——因為辦公室空間有限，公司

怎麼樣也不可能隨便添購新的檔案櫃。

換個角度思考，難道擁有大空間和大容量的收納家具，就能輕易解決問題嗎？其實也不是那麼回事。對一般人來說，只要有空間，就會想去使用它；等到回過神來，才發現只是徒增更多被亂塞一通的備用物品而已。即使加大收納空間，要是作法仍不改變，就無法解決不擅整理者的想法和問題。

嚴格說來，大部分的工作只需要放置電腦的平台和一個紙箱就夠了。以我從事寫作來說，具備這些東西就很夠用了。

當然，也會需要存放資料或書本的空間，但說到實際進行工作所需要的場域，真的只需要如上提到的空間就夠了。即使同時進行好幾個企劃案，辦公桌周圍不可或缺的文件或資料，其實也不是那麼多。

各位上班族讀者的情況，應該也差不多如此吧？仔細審視一下，那些不在手邊就真的沒辦法工作的文件或資料，妥善整理後應該也不會用掉太大的空間。

掌握「七大守則」，變身工作效率達人

本書中設定了最實際的目標，介紹「七大守則」，讓讀者確立自己該進行的整理術。在每一章節中講解一個方法，並敘述執行架構或具體施行措施。

以下先提列「七大守則」給大家參考。

- 守則1　掌握文件存放位置的整理術
- 守則2　將新文件確實分類的整理術
- 守則3　每天進行管理與檢查的整理術
- 守則4　適時丟棄不需要物品的整理術
- 守則5　整頓腦中資訊的整理術
- 守則6　彙整資訊以激發創意的整理術
- 守則7　善用電腦歸納分類檔案的整理術

這「七大守則」的基本用意，就是為了提高工作效率。

它並非只是為了減少找東西的時間，而是要我們秉持自主性來管理資訊，整理周遭的物品來提高產能，自然就能創造出投入工作的時間了。這麼一來，我們就不會一直處在被時間追趕的窘境，而能提升自主推展工作的程度。

「整理」是一種自主推展的工作技術

所謂「整理」，以廣義來看，可說是把自己碰到的所有東西嵌入自己所訂定的秩序中，不需要的話就丟棄的工作。因此，迅速判斷優先順序、放置的場所等，是非常重要的。

「解決必須做的事情」，也是一種「整理」。例如，早上進到公司，一坐到自己的位子上會馬上想到現在該做些什麼，這便牽涉到時間管理、行程管理等問題，也就是訂定自己的計畫。

不要被資訊的漩渦吞沒、不要被時間追著跑、不要過著消耗殆盡的生活，而是根據自己的計畫，以自主自發來推動一切事務才對。

能夠達到這種效果的整理術，當然不會花太多工夫。好比說，我們會以為圖書館的藏書系統只要努力整理過一次，之後的管理就會很輕鬆，但實際上，平時要維持系統運作也是很花工夫的。

為了提高工作效率、符合實際狀況，「能夠活用」也是一個重要因素。如果規劃了太過嚴密的系統，就很難因應新的工作或周圍的變化，所以不要過度要求細節是很重要的。

本書歸納七大守則的整理術，即使是常被大家說「少根筋」的人，應該也能輕鬆達成。老實說，我也算是一個粗心的人，不過我知道要把所有東西整理到十全十美是不可能的，況且我也不想那樣做，只要能生活得很愉快就好了。

想要有所改變的時候，最重要的是要下定決心。不要認為這是義務，或甚至感到焦慮，而應把它當作「自己想做，所以去做」的事，便能開心地朝向目標邁進。千萬不要想得太嚴肅，要找出嘗試新事物的樂趣，如此應該就能有愉快的新發現。

三橋志津子

守則1 掌握文件存放位置的整理術

守則 2

將新文件確實分類的整理術

守則3 每天進行管理與檢查的整理術

守則4 適時丟棄不需要物品的整理術

守則5 整頓腦中資訊的整理術

守則6 彙整資訊以激發創意的整理術

守則 7 善用電腦歸納分類檔案的整理術

守則

1

掌握文件存放位置的整理術

不管怎麼整理，沒多久周遭又一團亂的人；

老是在堆積如山的文件前迷失方向的人……

請不要輕言放棄。

首先學習「守則1」的整理要領，

讓自己隨時都能拿到需要的文件資料！

關鍵
1

重點不在好不好看，而是能一拿就到手

所謂「妥善管理」，到底是怎樣的狀態呢？

其實關鍵重點就在於，「馬上知道什麼東西放在哪裡」。

如果能在必要時刻順利取得所需的東西，那麼工作就會進行得很有效率。

「沒辦法好好整理！」、「根本整理不完！」有這類煩惱的人注意了，請試著想像自己坐在辦公桌前工作的情景——

假設現在必須整理一份隔天開會要用的資料，這時客戶剛好來電詢問，於是你毫不猶豫地拿出參考文件，沉著地回應對方的相關問題。

掛上電話之後，換同事來找，請你給他看另外一份文件。

當下只花費幾分鐘時間，你就找出那份文件交給他，然後再回頭製作隔天要開會的資料。

能快速應付處理如上狀況，必定對相關文件放在哪裡一清二楚，才能順利達成各方需求。

若只是「約略知道」文件擺在哪裡，就會影響後續的處理效能。

打造二十秒就找到所需文件的環境

不擅長整理的人，經常會辯稱：「看起來很亂，不過什麼東西放在哪裡我都知道。」但其實大多數人只是自以為知道放在哪裡罷了。

掌握文件存放的位置

只要能在二十秒內取得所需文件就OK了！

這種人通常只知道文件擺放的大概位置，然後從那一區開始找，結果還是會花個幾分鐘，笨拙一點的甚至得花上幾十分鐘的時間。若是更嚴重一點，不僅找不到所需要的，還會把堆積如山的文件弄得更亂，導致得再花一個小時去整理。

為了不讓讀者誤會，我在這裡先強調一下——看起來亂不亂並非問題所在，重要的是你有沒有真正掌握文件的存放位置。

即使看起來有點雜亂，只要能在二十秒內拿到存放在辦公桌周圍的文件，就不會妨礙工作。相反地，不論外觀看起來有多美，若是需要花費太多時間找東西，就不算整理得井然有序。

實際效益重於外觀，預先掌握文件存放的確切位置，才稱得上有效率且符合實際效益的整理術。

關鍵 2

以「整理出完美環境」為目標是沒用的

不擅長整理的人，不只是公司的辦公桌周圍，連自己身邊的所有東西也很容易弄得亂七八糟。要是常常把工作帶回家裡做，就會連家裡都堆滿紙張，甚至還會跟自己的東西混在一起，造成把重要文件遺留在家裡的情況。

這種人應該會對物品雜亂的狀態感到厭煩，而強烈嚮往一個清爽的空間吧。

確實，建商的樣品屋或是刊登在室內設計雜誌上的房間都很漂亮，讓人心裡湧現「想要住在這種房子裡」的欲望。看到整理得一塵不染的書房，就會認為「只要有這種工作場所，那麼把工作帶回家做，應該也不賴」。

只是你的願望一旦實現了，真的能夠維持這種狀況嗎？

不管是文件或日常生活用品，若是不改變根本的作法、想法，時間一久難道不會又陷入散亂的狀態嗎？

如果把許多東西藏到眼睛看不到的地方，確實會顯得比較乾淨，生活的空間也比較不會產生怪味。或是準備剛好可以收納所有東西的家具，在那當下確實可以將空間整理得乾乾淨淨，心情也會感到輕鬆愉快。

不過短暫收拾的東西總有拿出來用的時候。使用完之後，當然又得重新收納，這一拿一收可就麻煩了。

若是維持以前的作法不予理會，隨著時間一久，丟著不管的東西將越堆越多，結果又陷入亂七八糟的情境。

承認沒整理好的現實狀況

擁有這種書房的話，
工作就會很順利吧……
室內設計

只要仍維持原先的整理法，就算換個環境還是會馬上變亂。

訂定實際的整理目標

崇高的理想讓人有前進的動機，可是一旦搞錯目標，反而會變成壓力。

「只要有心，一定可以整理得很乾淨。」結果只有這個念頭在空轉，反而讓你更討厭眼前的慘狀與自己的怠惰。

不管怎樣，先面對現實吧！

就是因為不擅長整理，才會整理得不好，但這並不代表你沒有整理的能力，這種情況也不會危及你在公司的立場，也就是說，你還是會整理，只是還沒找到讓自己感到輕鬆愉快，並且有效率地進行工作的方法。

為了不切實際的夢想與現實之間的差距而煩惱，或是想以邁向完美目標作為出發點，都是很難達成目標的。重點在於，應該以「能掌握文件存放位置」為目標，才是上上之策。

關鍵 3

工作結束時，把桌面還原為淨空狀態

對公司職員來說，工作的主場地就在辦公桌。

能不能愉快又有效率地工作，大部分取決於辦公桌周圍的整理情況。

當然，只要能掌握文件的存放位置就沒問題。但是別忘了，辦公桌這個主場地也含括其他變動的要素，也就是上司或同事等其他一起工作的人。

雜亂的辦公桌看起來令人不舒服，而若是他人的辦公桌就更不用說了。

文件檔案若堆得像山一般高，會讓主管產生不好的印象，甚至可能被貼上「懶散員工」的標籤。

有點自覺的人，還是趕緊擬定對策來改善狀況吧。

即使這是你個人習慣的狀態，若你認為其他人也會接受，那就太天真了。

通常在堆積如山的文件或資料中，應該有跟其他人共用的資訊。

如果將有用的資訊留置在自己這裡，或是把同事也需要的資料掩蓋住了，便會在無意之間造成公司的損失。

資安就從辦公桌的整理開始

在日本，有越來越多企業基於個人資訊管理問題，對辦公桌的整理訂出了嚴格的規定。

例如，要回家的時候，一定要把筆記型電腦鎖在抽屜或置物櫃

辦公桌面會左右他人對你的印象

○○，你的辦公桌總是這麼乾淨！
真不錯……
我要出去談生意了！

乾淨整齊的辦公桌也會讓他人對你產生好感。

中，保持桌面淨空的狀態。

訂定這種規則之後，就能達到資訊安全的要求嗎？

即使自認並沒有經手重要的機密資訊，但客戶方負責人的姓名或電話號碼、電子信箱，其實也是必須用心管理的個資，更不用說那些會讓人得知交易內容的文件了。為避免讓不相關人員看見，當然要確實收好較妥當。

因此不管是暫時外出，或者結束一天的工作之後，請務必將辦公桌面還原到淨空狀態。

關鍵 4

辦公桌不放與手邊工作無關的物品

桌上不要放筆筒

基本上，辦公桌上只擺放與手邊處理的工作有關的物品就好。待工作一完成，就馬上收拾乾淨。只要反覆這樣的步驟，一天工作結束之後，桌上就會呈現乾淨整潔的狀態。

文具用品也是收放在抽屜裡比較好。每次只拿出必要的東西使用，用完之後就馬上收起來。

如果使用的文具較多樣，就要用盒子、厚紙板或收納用品來做分隔，確保文具都存放在特定的位置，以利後續方便取用。

許多人會在桌上的筆筒裡放入筆記用具等等，這麼一來，很容易會跟不能用的筆搞混。

你有沒有過要做筆記時，從筆筒裡抽出筆，結果發現沒有墨水，只好又放回去的經驗？這時只要將筆筒裡的筆倒出來，整個檢查一遍，通常會發現能用的筆只剩原數量一半左右。

相較之下，運用分隔整齊且一目了然的抽屜來收納，管理起來就方便多了。必要的文具只要確定數量，再收起來就好。

例如，黑色原子筆準備兩支備用，自動鉛筆一支、筆芯一盒，再加上橡皮擦一個，就差不多了。至於麥克筆或油性筆等，常用的顏色各準備一支，墨水用完就

使用方便的文具收納法

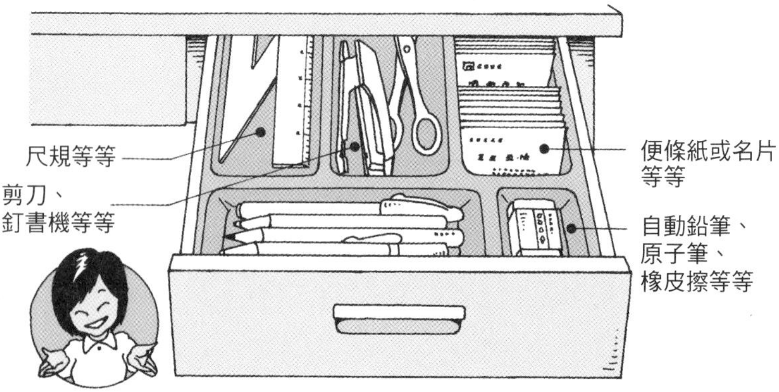
尺規等等
剪刀、
釘書機等等
便條紙或名片
等等
自動鉛筆、
原子筆、
橡皮擦等等

用托盤或盒子等，分隔整齊。

丟掉，再買一支新的就好。

此外，尺規或修正液、剪刀、夾子或釘書機等，分門別類放在相同的地方。如果將文具收在抽屜裡面，也不用擔心被別人隨手拿去使用了。

以辦公室這類公共場域來說，當本人不在座位期間，同事有可能過來接電話、寫留言，或是急著送包裹要寫收件人姓名之類，應該是常見的現象。

在這種情況下，同事常常會不知不覺就把從筆筒中抽出的原子筆帶走了。

有些人為避免文具被拿走，會在所有文具上貼小名條，順手帶走文具的人一發現名條時就會拿來歸還；但有時文具還是可能從此下落不明。

將文具放在桌上的筆筒中，多數人比較會隨手拿取；如果需要拉開別人的抽屜取用，就會猶豫一下了。因此，將文具收納在抽屜裡面，也可以預防文具不翼而飛。

自己先整理好，就不會被其他人搞亂

整理妥善之後就不會被他人搞亂的，不只有文具而已。只要不在辦公桌上放東西，就可以防止文件或備忘錄失蹤的狀況發生。

想必有很多人都這麼以為——就算東西堆得像山一樣高，我還是大概知道什麼東西放在哪裡。但有時離開座位後，不知什麼時候桌上的狀態就改變了。

有可能是本人不在的時候，同事在桌上放了傳閱的文件或資料，也可能有人在文件上寫備忘錄，結果把堆得像山一樣高的文件給弄垮了。

類似這樣的行為，破壞了你在雜亂之中努力維持的些許秩序。有時受害情況像雪崩一樣嚴重的話，就連什麼東西放在哪裡都搞不清楚了。

必須將公司的辦公桌，看成是他人會接觸到的一個場域，所以將桌面整理乾淨是最好的防禦方法。

如果不想讓別人弄亂桌面，自己就要先整理好。跟當下處理中的工作無關的東西，必須全部收起來。

假如桌面上只有與處理中工作相關的必要物品，即使暫時離開座位，桌面也不至於變成無法收拾的狀態；即使有人在桌上放了文件或資料，也能隨即察覺出來。這麼一來，若碰上緊急、須盡快處理的事情，一處理完畢，之前做到一半的工作也可以順利地接續進行了。

辦公桌面要保持乾淨整潔

總是將桌面整理乾淨的人……

就算離開座位，桌面也不會被弄亂，
還可以馬上察覺新放上來的文件。

文件檔案堆積如山的人……

離開座位時，堆高的文件一垮，
就會造成無法工作的慘況。

關鍵 5

備忘錄集中管理在一本記事本

不要老是留著備忘錄

好不容易將辦公桌面整理乾淨，但眼前或旁邊的牆壁、隔板上，卻佈滿各色各樣的便利貼，這樣就不能算是整理好的狀態了。

把「不要忘記做的事情」寫在便利貼上，然後貼在顯眼的地方，這種方法在很多辦公空間都看得到。便利貼可以簡單地貼上、撕下，確實是很方便的文具；甚至也有人會把電腦螢幕周邊或檯燈上都貼滿。

便利貼數量少的話，確實具有提醒的效果。每次看到便利貼就會想到這件事，所以應該能在期限之前完成才對。

但隨著便利貼的數量增加，尤其持續貼著不拿掉，日子一久效果就不大了。因為我們一旦習慣周邊貼滿一大堆便條紙的狀態，慢慢就不想注意去看了。畢竟每次放眼望去就是一堆便條紙，應該沒有人會一張一張仔細看吧。

除此之外，便條紙若經常出現在眼前，反而會有「該做的事情還有一大堆」、「怎麼做也做不完」的感覺，進而形成焦慮或壓力的來源。

近期的預定行程，先記在日誌上

即使養成確認所有便條紙內容的習慣，一天當中應該也只有幾次吧。這樣的話，就沒有必要將所有備忘內容貼在辦公桌周邊，只要登錄在日誌或筆記本中，需要時拿出來確認，效果也是一樣的。

便條紙之所以張貼很久，應該是因為很多事情沒辦法在當天處理完畢。

例如「把交涉用到的資料送到A公司」這樣的內容，是可以馬上完成的；但也有像「一週之後打電話到B公司確認回覆」、「下星期一到C公司確認情況」等等不久之後的預定行程。

像這一類備忘內容，只要記在專用的日誌或筆記本就可以了。

有人總是貼著大量備忘錄，結果弄到最後什麼都不想做；其實只要在筆記本的每一頁寫上日期，一頁就是一天，將要做的事情全部寫上去就行了。

如果連預定的開會時間都寫上去，則有助於做好行程管理。

善用工作日誌或備忘記事本

只要稍微註記備忘就足夠的人，選用書寫空間較大的工作日誌比較好。

例如一週之後該做的事情，就找出日期，書寫在當天的欄位上，並記錄是哪天寫的；做完之後再打勾做確認。

如果預定的時間有變動，必須更改到其他日期時，就要刪掉前一個紀錄，寫在新的預定日期欄位上。

任何不能忘記且必須處理的事情，都要馬上寫下來，一天確認個幾次，並且加

便利貼適度運用就好

較少的便利貼，有預防忘記事情的效果。

便利貼
別忘了要打電話給B公司，寫個備忘錄吧。

一旦貼太多，會覺得有太多工作還沒處理，反而成為負擔。

便利貼
怎麼還有這麼多該做的事情沒完成啊！

以處理。

重要的是，要把「不能忘記處理事務」的資訊全部彙整在專用日誌或記事本上，不要隨便記在不同的地方。

一旦決定採用這種方式，就要停止在辦公桌周邊貼備忘錄才行。因為太分散的話，要找的地方一增加，效率就會變差，效果也會大減。

日誌或記事本可以隨身攜帶，出外辦事需要打電話或發電子郵件時也能幫上忙。像這樣使用日誌或備忘記事本，就不會產生「要做的事情堆得像山一樣高」的想法了。

一旦決定執行的日期，而且又處於事情都整頓好的狀態下，屆時再處理即可。這也是讓工作流程更順暢的資訊管理方式。

便利貼要貼在記事本上

另外，也有人不將便條紙貼在辦公桌周邊，而是貼在記事本上。

行程管理的訣竅

●使用一般筆記本備忘

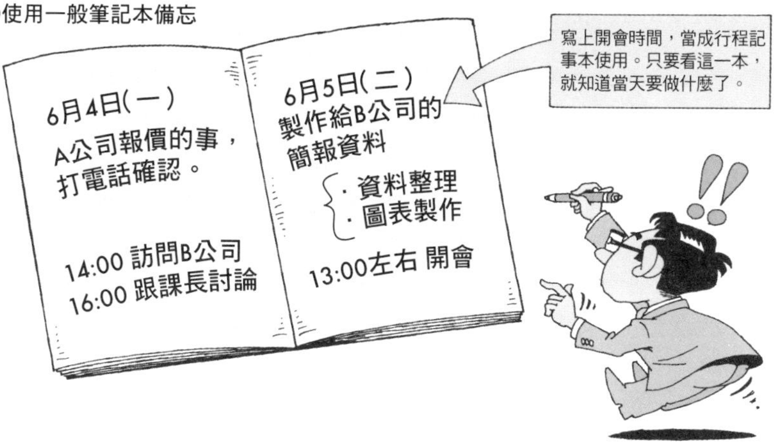
6月4日(一)
A公司報價的事，
打電話確認。
14:00 訪問B公司
16:00 跟課長討論
6月5日(二)
製作給B公司的
簡報資料
·資料整理
·圖表製作
13:00左右 開會
寫上開會時間，當成行程記事本使用。只要看這一本，就知道當天要做什麼了。

●使用工作日誌管理

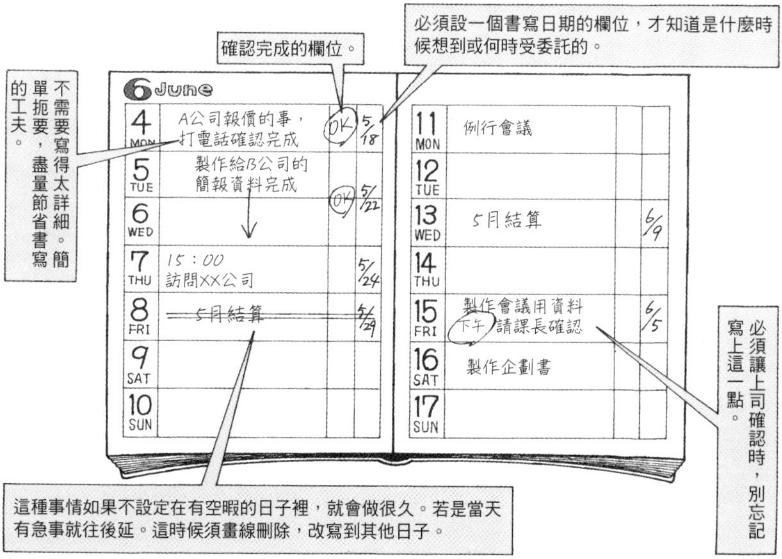
確認完成的欄位。
必須設一個書寫日期的欄位，才知道是什麼時候想到或何時受委託的。
不需要寫得太詳細。簡單扼要，盡量節省書寫的工夫。
6 June
4 MON A公司報價的事，打電話確認完成 OK 5/18
5 TUE 製作給B公司的簡報資料完成
6 WED OK 5/22
7 THU 15：00 訪問XX公司 5/24
8 FRI 5月結算 5/29
9 SAT
10 SUN
11 MON 例行會議
12 TUE
13 WED 5月結算 6/9
14 THU
15 FRI 製作會議用資料 下午 請課長確認 6/5
16 SAT 製作企劃書
17 SUN
這種事情如果不設定在有空暇的日子裡，就會做很久。若是當天有急事就往後延。這時候須畫線刪除，改寫到其他日子。
必須讓上司確認時，別忘記寫上這一點。

擔任顧問工作的本田尚也先生，在其著作《工作以「程序」來決定》（《仕事は「段取り」次第で決まる》）中，就介紹了把工作備忘錄、該做的事情、創意等等寫在便利貼上，再貼到日誌或記事本上的作法。

處理完之後就撕下便利貼；即使事情拖到下一週，也只需把便利貼轉貼到下一週的欄位就好。

便利貼確實具有充分的黏著力，貼在記事本上既不會脫落，重新轉貼也沒問題，可說是很便利的辦公文具。

本田先生也提到，不但可以搭配目的使用不同的尺寸，還可以依據內容或優先順序等來改變顏色。

只要設定好自己的使用系統，就可以像這樣方便運用了，所以試試這樣的方法也不錯。不過，本田先生似乎也提及重要事項要直接寫在記事本上。

若以留下之後可供確認的紀錄這點來看，還是寫在記事本上安全有保障多了。

關鍵 6

藉由「區域劃分」，清楚掌握文件位置

先決定基本的區域劃分

文件的分類與收納的方法，我們將在下一章做說明。這一章節先談談整理的基本原則。

首先，就是要遵守大略的區域劃分，不管在抽屜或櫃子裡面，或在桌上放置文件進行工作的時候，這都是應該遵守的鐵則。

所謂區域劃分，就是依據某樣東西的狀態、性質、內容，來區分它擺放的場所，絕對不可以有例外；大致區分為桌面、抽屜、櫃子或書架等地方。

就像之前提過的，桌面是一個只會放著當下工作所需物品的區域。

而抽屜裡面存放的是與進行中的工作有關，必須放在手邊的東西；櫃子或書架，則是必要時需參考的文件或資料的區域，也是與同事共用的區域。

處理完畢的工作相關資料等，必須保管一定時間的文件，就轉移到專用區域存放。

務必遵守區域劃分的原則

接下來，依據工作的進行狀況規劃出大略區域後，再把抽屜、櫃子細分成較小的區域。

有關這點，像是「〇〇相關」、「××相關」這種用內容來區分的一般方法，應該就是最好的了。

先前提到將文具整理到抽屜裡面，也是一種區域劃分。

不常用到的東西，像是尺規，也不能因此就放到其他地方，否則要用的時候就得到處翻找了。

確實做好區域劃分

這種整理法是不行的！

如果不遵守區域劃分的鐵則……　　就會忘記之前保存的資料！

如果把使用頻率較低的東西當作例外，因而打破區域劃分的鐵則，時間一久便會忘記這樣東西的存放位置了。

相關物件要收納在同一處

文件或資料也適用同樣的原則。

例如，有一樣資料「將來不知道會不會用到，不過還是拿來以防萬一吧」，為了不妨礙工作，所以把這份文件塞進抽屜深處。

但這麼一來，這份文件就再也沒機會重見天日了，甚至可能根本就忘記有這份文件的存在。

收納的空間是有限的，我們通常會把自己覺得價值較高的物品，放在可以輕易拿到的場所。

也就是說，我們認為重要的東西要放在隨手可得的地方，不重要的東西無論放在哪裡都沒關係。

不過當這份文件與相同領域其他資料分別存放的時候，很可能會永遠失去能夠活用它的機會。迷失方向的資訊，是不可能自己跑出來露臉的。

之後就算要擬定一個和那份資料相關的企劃，腦袋裡也不太可能浮現那份被塞在抽屜深處的資料。如果不是記憶力超強的人，就只能使用看來很重要的其他資料了。

一旦抽屜裡面太雜亂，甚至會讓你想起：「啊，我好像把那份資料收在這裡。」

如果區域太過分散，即使還記得某樣東西的存在，也不容易把它找出來。好不容易保管一樣東西，卻沒辦法確實活用，那就沒有意義了。結果，這份資料根本用不到，跟被丟棄的情況毫無差別。

所以要把相關的物品收納在同一個地方。只要遵守這個規則，就不會浪費整理過的文件或資料，而能將它們活用在工作上了。

關鍵 7

檔案櫃裡的「區域劃分」不要太細

不要以樹狀結構分類

只要遵守區域劃分，就可以隨時掌握什麼東西放在哪裡。

務必注意要嚴格遵守大略的區域劃分，但是深入每個區域再做劃分時，最好不要分類太細。

只要隨著工作的狀況持續進行大略的區域劃分，就可以防止文件爆滿、無處可放的情況發生。

在工作完成後，會將資料收到保管區域，因此能有效運用抽屜或檔案櫃的收納空間。

檔案櫃的區域劃分，盡量做大略的分類即可，把相關資料全部整理收集在裡面。如果分類太細，將會產生各式各樣的問題。

尤其像生物學分類一樣，用樹狀結構細分成好幾個階層，這樣是非常不實際的。要將資訊依○○門、○○目、○○科等體系分類，非常困難。若想把資料活用在工作上，通常都是從很多方向來思考，並不是每個案例都能配合固定化的定位來使用。

假設我們把檔案櫃的其中一格定為「與貓相關的資料」，放在這一格裡面的大略項目會有「貓食」、「健康醫療」、「排泄用品」、「玩具」等，這時若要分類成樹狀結構就難如登天了。好比說，是「貓食」屬於「健康醫療」，還是「健康醫療」屬於「貓食」呢？或者是放在「健康醫療」裡面，做個其他全都包含在一起的體系呢？如此一來就讓人傷腦筋了。

甚至還可能會聯想到貓的種類、年齡、個性等等其他要素，這些要素該怎麼聯結在一起呢？畢竟我們不是長期鑽研幾十年的學者，所以沒有必要彎著腰苦思，或是在錯誤中學習，建立一套自己專屬的分類體系。

文件要概括分類

不要做樹狀結構分類，而是在所屬區域裡面擺成同一列，單純並排起來會比較容易使用。不過即使擺在同一列上，若是過度細分，也會造成不便。

原因在於，除了無法通融、彈性運用之外，使用上也會耗費太多工夫。最常發生的問題，就是文件會重複。好比說，有份文件與A和B雙方都有關聯，那麼要歸類在哪一邊呢？想必大家經常因此而煩惱不已。

舉例來看，如果不把「貓食」做成一個概略分類，而是更細分成「乾食」、「半生食」、「以年齡分類」，會發生什麼事呢？

當然貓食若是公司的主要商品，就必須做這種細分；如果只是產品的一部分，那就另當別論了。只做成「貓食」這種大分類，那麼跟營養有關的資訊，就可以全都放到這個分類。尤其是「健康醫療」裡面包含疾病的症狀或分辨方法，便能夠明確地做出區域劃分。

如果細分的話，就不能做這種分類了。要是針對貓食的種類來分類資訊，重複的情況會更多，根本整理不完。即使「健康醫療」的主要內容與疾病有關，也有可

分類不要太精細

大致分類

只做大致的分類，
管理起來比較方便。

精細分類＜樹狀結構＞

如果做成樹狀結構，
主題常常會重複而無法順利分類。

能不得不包含營養的相關資訊。

只細分資訊量較多的項目

整理之後，應該細分的，最好還是僅限於資訊量較多的項目。要不要把「貓食」細分，就取決於其中到底包含了多少資訊。如果資訊量不是很大，那麼就算分類分得不精細，也不需花費太多時間便能找出想要的資訊。若要精確細分，必須事先確認分類項目，以及決定配合該分類的場所等程序；此外為了正確地納入新資訊，又得花時間和精力來處理一次，所以效率會降低，而且也難以持續。

只要配合資訊量，大略且有彈性地做區分，就不用花這種工夫了。若能確實執行處理方法和取捨選擇，文件或資料便不會無限膨脹。

原本在公司裡面，自己能使用的空間就有限，而與執行工作中有關的資訊量也有限，因此大致分類就可以了，這樣使用起來也方便。

關鍵 8

文件一重疊就會陷入失蹤狀態

另外在掌握文件存放位置時要特別注意的一點，就是不要隨便把不同系列的文件或檔案重疊起來。

這種情況經常發生在把A4大小的文件隨意堆疊，所以從上面看來，根本不知道下方文件的內容是什麼，因而必須從上頭開始依序檢查，進行費時費工的確認工作。

紙張一旦重疊起來，就失去查詢內容的線索了；就算製作成檔案夾，若重疊至看不到背部或標籤的狀態，也一樣沒有找尋線索。

因此不管是在抽屜、檔案櫃還是書架裡面，都要避免橫向堆疊的作法，要把相同系統的文件歸檔，然後直立起來存放才行。

有人會覺得只要能看見檔案夾背部就好了，便將檔案夾背部朝前，橫擺在書架上，但這時如果要抽出下面的檔案夾可就麻煩了，除了很重之外，還有倒落下來的風險。由於麻煩，原本應該放進下面檔案夾的文件，就這麼放著不管。不久之後，區域劃分的規則就會混亂，而搞不清楚文件到底放在哪裡了。

重複堆疊時務必集中夾好

由此看來，還是趕快捨棄「堆起來比較輕鬆」這種想法吧！不管是橫

高效率存取文件的方法

直立擺放，
隨時能輕鬆確認取出。

重複堆疊的話，
要拿要找都很辛苦。

著還是直著堆，花費的時間其實都差不多。堆著堆著，時間都花在尋找文件上頭，還不如一開始就以直立式整理妥善較優。

尚未歸檔的文件，不得不暫時堆疊放置時，請務必將紙張集中夾好。或許大家覺得這是理所當然的事，但應該有不少人會把收到的傳真隨意散置在桌上，這樣遲早會跟其他文件混在一起。

有時也會搞不清楚一份傳真總共有幾張，或是花了很大工夫才把所有張數收集起來。其實只要先用夾子固定成一疊，就可以省卻這些工夫了。

從抽屜拿出夾子來固定文件，大概只需十秒鐘；處理完之後，務必馬上把文件收到相同系列的檔案夾裡面，一路下來應該只花上一分鐘吧。

只要確實執行這些基本作業，就可以隨時掌握文件的存放位置了。這麼一來，也能建立愉快且順暢的歸檔次序，隨之帶來有效率而充滿創造性的工作。

關鍵 9

對辦公桌抽屜導入適得其所的收納法

什麼是「排擠歸檔法」？

最後，我們來看看辦公室裡使用的辦公桌抽屜的真正用途是什麼。

一般來說，辦公桌中央有個比較淺的抽屜，側邊則有三層抽屜。之前提過，桌子抽屜裡應該只放入與正在處理的工作相關的書籍或資料，而這個小節則主要針對下層抽屜來做說明。

由於下層抽屜的大小剛好可以把Ａ４尺寸的文件橫擺，再直立放進去，所以很適合把文件放入文件夾或檔案夾裡面，大略地排列在抽屜裡面。

有關下層抽屜的整理方式，很多人會應用東京大學教授野口悠紀雄先生所提倡的「排擠歸檔法」，這是在他的著作《「超」整理法》中所介紹、依時間軸來排列的方法。不同的是，在本書中以抽屜取代書架，用檔案夾取代信封。

任職於日本金融業界的T先生，就是用這種方法來管理絕大部分的文件。這個方法很簡單，就是把文件分別放進透明文件夾裡面，貼上標籤，依序把最新的檔案放在靠近自己的位置就行了。拿出來使用過的檔案，就不再放回原來的位置，而是放到最靠近自己的位置。

持續這麼做，正是「排擠歸檔法」的特徵，也就是將用不到的東西慢慢排擠掉。如此一來，用不到的東西就會慢慢被擠到抽屜最深處了。

想要拿到抽屜深處的文件，就不得不把抽屜整個拉開，所以用不到的東西塞到最裡面，確實很合理。

最後，當抽屜塞滿的時候，就從抽屜的最裡面開始整理。確認過檔案內容，如果有保管必要者就移到保管用空間中，沒必要的就丟棄吧。

抽屜要做區域劃分

至於其他抽屜，中央的淺抽屜一般稱為中央托盤（Center Tray），通常用在管理商用信件等等。

但因為這個抽屜的面積比較廣，會讓人感覺不太容易使用。其實可以在這裡放進備忘記事本、行程表、工作日誌等，每天會用到好幾次的東西。

至於側邊上層的抽屜，即使把文具整理收納在裡面，還是會留下一些空間。通常只有這個抽屜能上鎖，所以可放入公司的機密文件或是預付的經費等，使用起來相當方便。

另外像請款單、報價單，或是收據等有關金錢的文件，有人會全部整理起來收在一起，但是根據經手的數量不同，可能會多到無法整理，所以務必注意。

有很多時候，可以把每個專案相關的資料整理成一個個檔案，用下層抽屜來存放，管理起來就方便多了。

至於中層的抽屜，似乎常常拿來放小卡片或事務用品的庫存吧。不過，通常公

下層抽屜的整理方式

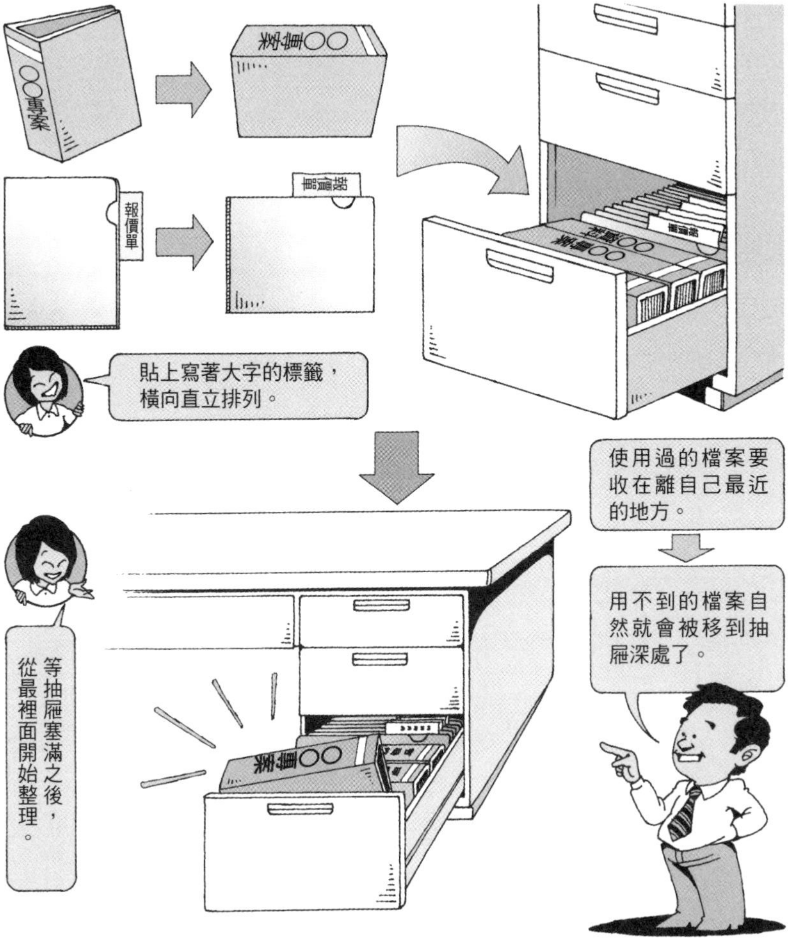
○○專案
報價單
貼上寫著大字的標籤，
橫向直立排列。
使用過的檔案要收在離自己最近的地方。
用不到的檔案自然就會被移到抽屜深處了。
等抽屜塞滿之後，從最裡面開始整理。

司裡各部門都會有專門存放庫存的空間，因此讓它占據抽屜空間就太可惜了。

中層抽屜無法像下層一樣直立存放，所以除了常常使用的東西以外，還是不要把文件放在裡面比較好。因為要是文件累積多了，就很容易把底下的文件給忘得一乾二淨。

有一種方法，就是在當下所處理的工作中，選出最主要的物品特別放在中層抽屜，但務必要注意不能讓它消失了。

近期預定要開的會議或簡報資料、文件等等，全部整理起來放入中層抽屜，也是一種方法。

即使多少有些多餘空間，也不要貪心地找東西塞進去，這樣管理起來比較輕鬆。只要設定一個主題，就可以簡單記起來，之後也不用花時間找東西了。

守則

2

將新文件確實分類的整理術

面對接連而來的文件、郵件、傳真等，

只好將眼前工作往後延；

就這樣，工作事務經常拖延到堆積如山的人……

只要確實執行並習慣「守則2」的整理術，

問題便能迎刃而解。

每個人都能將文件檔案整理得有條不紊，

打造乾淨清爽的工作環境！

關鍵1 隨即處理剛送到的文件，創造時間空間

東西一拿到手就立即處理，便能維持自己想要的常態秩序。不管是口頭傳達的資訊，還是送來的文件，只要一交到自己手上，就應該馬上處理完畢。

工作累積越多，周遭越顯混亂時，一般人會用時間不夠來當藉口——「沒時間處理工作」、「沒時間收拾辦公桌」等字句，已經淹沒這個世界了。

這些人是否真的沒有時間？如果有時間，他們會動手處理嗎？

若該做的事情堆積如山，連喘口氣的空檔都沒有，當然會讓人產生「沒時間」的焦慮感。

即使感覺來不及，還是持續進行工作。現實情況應該是——一邊喊著時間不夠，一邊趕上進度。就算有很多困難的案子必須往後延，也會採取「時限過了得先做完，能延的繼續延」的處理方式，然後過一天算一天。

俐落解決當下事務，才不會被時間追著跑

重點在於，不要想辦法偷閒片刻，而要在日復一日的循環中創造悠閒的時刻；即使維持現狀，應該也能擠出短暫的空閒時間。如果不改變根本上的想法，就算活用瑣碎的時間，也沒辦法處理得很好。

話說回來，當你強烈感覺到被時間追著跑的時候，一有空閒就會想要

文件不要累積或拖延處理

「有時間再來……」這樣想的話就永遠做不完了。

休息，這是人之常情。

當一個人忙碌到疲累不堪時，只要有空檔就希望放空、什麼都不想，藉此放鬆一下心情，其實也無可厚非。

只要把交到自己手上的工作快速解決，該做的事情馬上處理完成，就不會被時間追著跑了。按部就班做好事務整理，自己管理自己的行程，同時有效率地安排時間，如此一來就能順暢地執行工作了。

關鍵 2

養成當場處理事情的習慣

不管是處理物品或事情，道理都是一樣的。只要出現在自己面前，馬上俐落地分類、處理就可以了。

這裡提到的分類，並不是指要分成「應該馬上處理的事情」和「可以稍後再處理的事情」。把拿到手的文件放在身邊那座小山上面，當然不能叫做分類。分類指的是用適當的方法來整理，讓文件位於適當的地方，然後處理完畢。

我們試想從外面回到公司時的情況——

走到座位上一看，發現桌上放了好幾份外出時打來的電話留言、傳真、信件等等。看到這些東西，下一步該怎麼做呢？

對方已經等很久的回覆，或是有「緊急」字樣的文件，一定會最先注意到吧。

接著應該馬上準備應對。

至於其他文件，應該也會先看過一眼——這時是不是覺得不必緊張，對於看起來重要度不怎麼高的文件，心想「等一下再處理」，所以自動推到旁邊去了呢？

重要度低的工作優先處理

如果採用這種作法，那麼呈現保留狀態的文件或事務，一下子就會累積成堆。很多人雖然腦袋裡一直想著「不得不去處理

養成馬上處理的習慣！

當場處理的話，辦公桌和內心都能整理得乾淨清爽。
處理
處理
處理
處理
MEMO

學習立即解決小事情的工作方式。

了」，卻還是認為重要度更高、更急迫的事情要優先處理。在這之間，「事情做不完」、「該做的事情堆得像山一樣高」等等想法，只會越來越困擾自己。

也有不少人偶爾看一下堆積的文件，然後每看一次就往旁邊推。

一大早進公司上班、坐到自己位置上時，把昨天堆放的文件一份一份拿起來看，結果還是判斷「等等再做就好」，再往旁邊一堆，就這樣又過了一天。

如果文件不是那麼重要，反覆看上好幾次根本就是浪費時間。發個簡單的回覆，或是送出文件，其實並不需要多少時間。只要認真起來，花個五分鐘、十分鐘就能解決好幾件了。

重要度較低的事情，其實不需太花心思看待。只要當場處理掉，不管是辦公桌面或自己內心，也能因此整理得乾淨無負擔。

關鍵 3

容易往後挪的事情，通常很快就能做好

「當然要以重要度較高的事情為優先」，多數人應該都是這麼想的。確實，想整理文件或資料以便有效率地執行工作，「訂定優先順序」扮演著非常重要的角色。

問題在於訂定優先順序的方法。若是因為沒時間了，所以從重要的事情著手，仔細想想這不過是臨時抱佛腳的作法。要是把這種作法當成處理工作的基準，好像有點不對勁。

事實上，該優先思考的是「效率」。

應該怎麼做才不會耗費過多時間，才能夠順利完成工作——以此來優先考慮順序才是該有的原則。

只要把一拿到手的工作馬上分類好，就可以節省時間了。

若有需要回覆的電子郵件就立即回覆；若要送出手邊的文件，一講完電話就馬上送出去。像這些事情，都不會花去太多時間。

以速讀術或快速學習法而聞名的中谷彰宏先生，就主張回覆信件或致謝應該優先於任何工作。

一旦把小事情延後，就會讓人在意、使人分心，所以就算得停下手邊的工作，也應該徹底做好馬上回覆這個動作。

只要下定決心立刻解決，就不會感到無所適從。腦袋裡若想著，

重新檢討工作的優先順序

把重要度低的工作延後是很沒效率的。

總之先把小事做完再回頭完成眼前工作，就能避免邊工作邊想東想西，結果反而花費更長的時間。

重要度較低的工作要馬上處理

有很多事情讓人感覺得花很多時間處理，事實上卻只要一下子就完成了。我們來做個實驗，看看整理堆積起來的文件到底需要多少時間。一般人可能覺得需要花上十五分鐘，但實際操作之後，只需要五分鐘就搞定了。

重要度低的事務，很容易讓人感到麻煩。這也是判斷「等一下再做」的理由之一吧。看到這些小事就覺得身心沉重、提不起勁，因此選擇先往後延；但這些事情又會在腦中揮之不去，結果只會讓人更覺心煩氣躁。

像這類事情，只要動手去做，就會發現其實不困難。小事情雖有些繁瑣，但請不要忘記，如果不處理會變得更麻煩。

關鍵4
掌握作業所需的時間

若要秉持馬上處理、俐落分類的方法，那麼確實掌握例行工作所需的時間，會有很大的幫助。

例如回覆信件，只要有把握在五分鐘以內寫完，就知道沒有必要往後延。

估計執行工作所需的時間，在行程管理上是非常重要的。

做什麼事情大概需要多久，就算面對的是很單純的工作，也要稍微思考、計算一下時間。等到估算時間的準確度提高之後，工作效率自然跟著提升。

也有人在意識到時間管理之後，就成了時間估算的專家。像是經營雜貨店的S先生，現在處理起店務，既俐落又迅速；回想剛開店的時候，他的工作總是堆到半夜也做不完，甚至因為睡眠不足、過度疲勞而病倒。

後來前輩勸勉他：「你一旦病倒，店就開不下去了。學著掌握工作的步調吧！」於是他檢討以往的作法，才發現之前的估算都太天真了。

像是訂購商品，以及取貨之後打開包裝，擺放到店內這些基本流程，他之前都沒想過到底會花多少時間，只知道做完就好；而且他對商品的陳設又有一定的堅持，一定要不停修正到滿意為止；甚至對於上門的顧客，都一定要慎重應對，這麼一來有再多時間也不夠用。

因此S先生開始反覆計算基本流程分別所需要的時間，預測下一步要做什麼。

現在，他光是看到快遞送來的商品數量，就可以正確說出包裝所需的時間。或許這也是先預設時限，讓人想趕在時限之前完成吧。

預估所需時間，決定優先順位

無論任何事情，都必須事先把握所需時間，再以馬上處理為前提來採取行動；並且要養成習慣，在一開始交到自己手上的時間點就立即處理。除非經過判斷，這件事情要花上三十分鐘、一小時的時間，無法馬上完成，才會排進行程表依序處理。

如果是需要專心投入處理的工作，應該從一開始就把它的重要度提高，花時間處理，並且排到行程表中。

經過適當處理之後，將不需要保存的文件或備忘錄丟掉，而需要保留的文件就收到存放的地方；這就是俐落的分類。這麼一來，辦公桌上就不會累積一堆文件資料，可以經常維持整潔的狀態了。

老是覺得被該做的事情追著跑的人，一定是忘記先思考如何解決事情了，還有事情解決之後的舒適感吧。

關鍵 5

千萬別將棘手問題延後處理

有時並非重要度太低，而是因為心情不好，才很難解決一件事情。譬如處理對自己不利的資訊或問題，就屬於這一類。

在職場中，每個人一定都碰過「不得不面對抱怨」、「不得不跟上司報告自己的失誤」等狀況。

不管是多麼期許完美的人，或是多麼優秀的人，都一定會碰到這種狀況。遇到這種情況的時候，不擅長整理的人就會把討厭的事情往後延，給自己一些「等一下再做」、「船到橋頭自然直」之類的藉口，因而使情況逐漸惡化。

例如，客戶打來一通帶點抱怨的電話，代接電話的同事幫你留下客戶的電話留言。如果延誤了對上司報告的時機，客戶可是會直接打電話向上司抱怨的。若不迅速處理，不只會破壞客戶的信任，失去取得信賴的機會，還有演變成被上司臭罵一頓的情況。

就因為知道這件事情必須馬上報告，心理上難免會有壓力。隨著擱置不管的時間越長，就會陷入「糟糕，怎麼辦」、「不做的話可慘了」、「真煩」這種思緒的漩渦中，甚而演變成更壞的狀態。

越放著不管，問題就越嚴重

關於壓力，有著隨時間拉長而等比例放大的法則。也就是說，時

處理客訴的法則

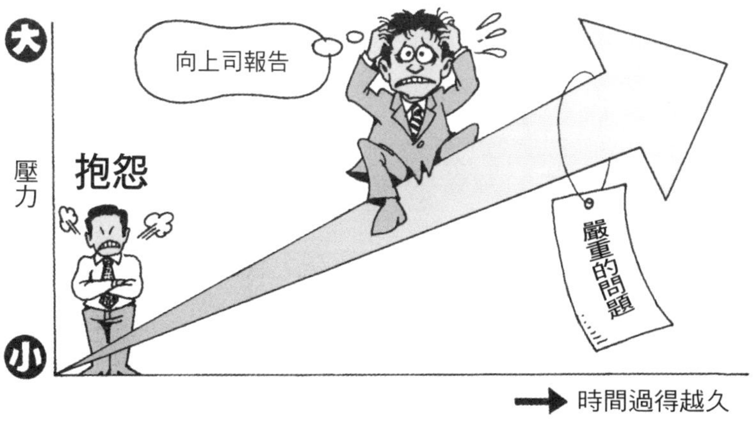

客訴要是放著不管，壓力就會越來越大。

間過得越久，壓力就會越強大。

儘管一開始只是個小問題，但若放著不管也很容易演變成大問題。就算只有一點小麻煩，如果不馬上應對，不僅影響往後的關係，要是延遲向上司報告，上司也會把延遲報備這項缺失記在自己頭上。

要防止這種狀況發生，除了馬上應對之外，別無他法。就算心裡有千百個不願意，也不能選擇逃避，只要積極工作、處理完畢，事情就解決了。原本心頭的壓力也會隨之釋放，繼續振奮精神往前邁進。

你的辦公桌上，有沒有一看到就會心情沉重的文件或備忘錄呢？

只要有任何一份這樣的文件，就不要遲疑，立刻將它處理掉吧！沒有必要每天加重自己肩上的負擔。

關鍵 6

善用「兩層式公文架」俐落分類

瑣碎小事要按照到手順序來解決

接著，我們來談談辦公桌上的具體整理方法。

基本上，桌上只放置工作進行中要用到的物品，這點已經在第一章說過了。想要做到這點，就要遵守第二守則，也就是確實分類新文件。只要俐落地整理好，辦公桌上就不會出現雜亂堆積的小山了。

也許有很多人覺得自己的工作內容並沒有那麼單純。

其最大理由就在於，「什麼事情都是一來就立刻處理的話，就沒有時間去做必須集中心力、好好處理的重要工作了」。確實，電話或傳真、電子郵件、信件包裏，以及上司或同事拿來的文件、交辦的事務等，是不會挑時間送到自己手邊來的。

所以大家當然會這麼認為——當自己正忙著處理其他工作時，如果每一件小事都要立即回應，多少會分散注意力，反而讓效率降低。

儘管如此，若是客戶打電話來，總不能不接吧。而根據電話內容所衍生出來的工作，如果比較緊急，也一定會馬上著手處理。

此外，即使手邊正忙著重要事務，只要上司跑來說：「這個很急，麻煩處理一下。」通常也會點頭說好才對。如果真有必要，一定也是馬上進行處理。

就算不完全是這樣，一般在信件或文件送到手邊來的時候，任何人都會先看過一眼吧。一早進公司上班、吃午餐或從外面回來時，工作告一段落的時候，下班回家之前……這些時候，大家普遍都會整理檢查一下，確認有什麼新工作需要處理。但與其花時間查看，不如當下處理掉就好了。

也就是說，一天當中從各個部門送來的文件，應該在當下就處理掉；要是無法馬上解決，就在做好分類時，或在概略瀏覽之際做相關處理。

用兩層式公文架管理新到手的資訊

最重要的是要有個專用空間，也可以想成是新到手資訊的匯集處，將還沒看過的文件全部放在那裡就對了。這就是分類的第一階段。

只要不胡亂堆在其他文件上，而是設置一個專用空間，那麼只要手上沒工作的時候，一眼就能看出還有哪些事情要處理了。

辦公桌上只放當下要處理的物件，因此這個「新文件匯集處」必須跟作業空間明確區隔開來才行。

此外，再預備另一個空間也是很重要的。有時候事情處理到一半，卻因為對方的狀況而不得不暫時保留，這個「預備空間」就能用來與新文件匯集處做區隔。由於已經掌握了文件內容，分開放置的效率會比較好。

例如，客戶對報價單有問題和需求，因而必須跟主管商量時，結果主管正好外出，那就不得不先行擱置了。

還有像是開會時間有人打電話來，同事代為留言；開完會後回電話給對方，對方卻不在，也是一樣先擱置。

預備這樣一個空間，就是當對方有事或發生不可抗拒的情況，提供暫時擱置文件所使用的。

想確保這兩個空間，只要將桌上的空間立體化就好了。最簡單的方法，就是運用兩層式公文架來管理。上層是新到文件的置放處，下層則是用來當作備用空間。

就文件整理用途來說，也有好幾層淺抽屜的收納櫃可用，不過原本就懶散的人還是比較適合使用公文架。這樣不需要特地打開抽屜，也不會因為程序比較麻煩，結果一忙就隨手堆在旁邊。當作臨時放置處的話，公文架還是比較方便使用。因為眼光容易停留在此，可就此養成新的習慣。

公文架上的文件不要拖到隔天

如果對習慣說「沒辦法好好整理」的人，說明使用兩層式公文架來分類文件的方法，對方一定會回答：「這個跟我現在做的一樣啊。」

實際情況卻是桌上堆滿沒處理的文件小山，做到一半的事情也堆成一落，只是自認為分類過而已。一旦碰到比平常忙碌的日子，這兩種文件就會混在一起而無法收拾。公文架並不是用來堆積文件的地方。尤其是新到文件的專用空間，一定要養成每天工作結束時清空的習慣。不要拖延到隔天，而要在當天的某個時間點全部處理完畢。

至於備用空間要注意的是，別當成做到一半的工作放置場所。如果著手處理時，因心情不好而想延後，於是就把文件放到這層公文架上的話，沒多久文件就會滿溢出來。例如閱讀屬下的企劃書時，不管企劃書寫得多差，讓人看得有多麼不耐，也不要放到備用空間，而是要當場整理出問題所在，對當事者提點、指示，問題就解決了。

葛理森的「三層式公文架活用法」

這種使用公文架的文件區分法，在美國非常流行，我在紐約的時候也用過。只是當時因為犯下了把要延後的工作放到第二層的失誤，所以並沒有使用得很順利。

如果不養成一下手就要做完的習慣，那麼這種整理術也只會隨著時間一久而瓦解。重要的是文件處理完畢之後，第一層、第二層的文件都要再整理到存放的地方。如果想留待之後再來整理，可能又會多出一座不必要的小山。

與其收放到桌子抽屜或是旁邊的檔案櫃，還不如在一連串的流程中整理完畢。放文件的公文架的使用方法，是美國有名的提高效率程式規劃提案者凱利．葛理森（Kerry Gleeson）所推薦的。他的方法是除了「未處理」、「保留」兩層公文架之外，再加上「處理完畢」這一層，總共使用三層公文架。「處理完畢」公文架，如同字面上的意義一樣，是用來放置處理完成的文件，然後一天整理個幾次。

若是處理完的文件，需分別送到不同的存放點，而每個存放點約有十步左右的距離，或是採用很費工夫的建檔系統，那麼加上第三層公文架是個好方法。

若是處理完的文件幾乎都放在抽屜裡，或是放在辦公桌附近的話，我認為不要加到第三層比較好整理。

瑣碎小事的處理法

馬上就
處理!
電子郵件
傳真文件
電話留言
郵件
傳閱文件
報告書
MEMO
同事拿來的備忘錄或文件

使用兩層式公文架的管理法

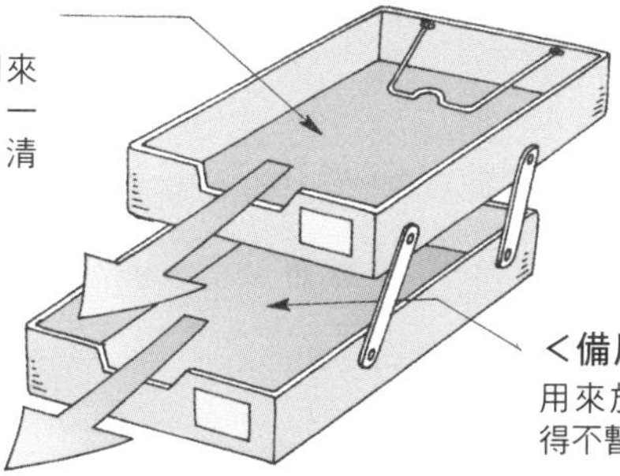
<公文架上層>
新文件的專用空間，用來放置陸續送來的文件，一天工作結束時務必要清空。
<備用空間>
用來放置處理到一半、不得不暫時擱置的文件。
處理完畢，就立刻收到存放場所。

葛理森三層式公文架活用法

<第1層>
未處理
<第2層>
保留
<第3層>
處理完畢
如果處理完畢的文件，需分別存放時，使用三層式公文架很方便。

關鍵 7

簡單又能立刻取得的「嶄新歸檔術」

檔案要能馬上辨別取出

不只是新文件空間、備用空間裡頭的文件處理完的時候，即使是工作告一段落，也應該馬上把文件全部歸位整齊，這是非常重要的。要是偷懶不落實這點的話，辦公桌周邊就會回到混亂狀態。

如第一章所說，與進行中的工作有關的文件，就收到抽屜裡面。只有常常使用的文件才可以放到手邊，以便節省拿取時間。根據專案來建立檔案，直立並排在旁邊，數量較多的話再分成幾個檔案相鄰並排就好了。重要的是能夠馬上辨別取出才行。

要用哪一種檔案夾是個人自由，重點在於只要坐在椅子上就能看到標籤。如果要特地站起來，或是蹲在抽屜前面才看得到，那麼歸檔系統遲早會瓦解；越麻煩的系統越難維持。

透明文件夾的標籤貼法

文具製造商開發、販售各式各樣的檔案夾、活頁夾、檔案盒等等。像是附有夾層的透明文件夾，或是附有夾住文件的工具的檔案夾，還有附加側背的活頁夾等等。

我想應該有很多人會使用薄薄的透明夾吧。使用Ａ４的透明文件夾時，只要貼上統一的標籤就能一目了然。

有的透明文件夾本身就附有標籤，不過標籤的尺寸通常很小，所以寫上去的文字也很小，找文件時比較不易辨識。最好是準備略厚一點的小紙卡，用粗體字書寫，再貼上透明膠帶固定，會比較好找。

至於使用有側背的活頁夾時，也要將標題用粗體字寫得很大才行。不要在打開抽屜時還得注意去看上面寫了什麼，而是要讓大字直接映入眼簾，這樣才能有效率地取出需要的文件。

其他相關資料等等，可以使用符合A4尺寸的大信封或公文袋收納整理，而且一定要貼上標籤。這種信封袋應該橫向放進抽屜裡面，所以長邊的部分要用膠帶貼上與透明文件夾一樣的標籤。

標籤上的標題，務必要寫得很具體。例如這個檔案夾彙整的是進行中的專案文件，就寫上「〇〇專案」，但是並不代表相關文件全都要塞到一個檔案夾裡面。

如果把這個專案的報價單或經費等文件單據另外整理出來，就要再設一個「〇〇專案，預算相關」的檔案夾以做區別；然後將相關檔案相鄰並排，找起來就不會太花工夫了。

與工作中相關的文件要放在抽屜裡

由於抽屜的空間有限，因此不需要太過計較檔案的並排方式。只要維持相同系統的檔案是相連的，概略整理在一起就可以了。

使用最頻繁的檔案就放在靠自己最近的地方，然後接連放入相關的檔案，再來放入下一個主題系列，這樣就沒問題了。

像這樣，與進行中的工作相關的文件應該放在手邊，所以先放到抽屜裡方便取用，收拾起來也相對簡單——在使用完畢當下，拉開抽屜，把文件從桌上收到檔案夾裡面，只要幾秒鐘就完成了。

再來，必要時會參考的文件或資料，就用附近的檔案櫃或書架進行收放管理。像是以往的資料、偶爾才會拿來查看的文件，還有自認短期之內會用到的資料等等，不需要收在抽屜裡面，只要大略分類過，收在檔案櫃或是書架上即可。

公司文件或參考資料等，經常都是跟同事一起共用。即使基本上是自己專用的資料，也有可能偶爾需借給同事查閱參考，如果這時能在幾秒鐘內取出來，就可以迅速回到手邊的工作了。

檔案櫃或書架也跟抽屜一樣，把檔案夾貼上標籤直立擺放就好。

為了能簡單迅速取放，重點在於不要塞得太滿。一旦擠滿了，就把不需要的資料處理掉，或是轉放到保管用檔案夾裡面。

保管用檔案夾畢竟只是用來保管的，沒必要放在辦公桌旁邊，可以整理裝進紙箱，收納至倉庫之類的空間。

檔案夾的標籤貼法

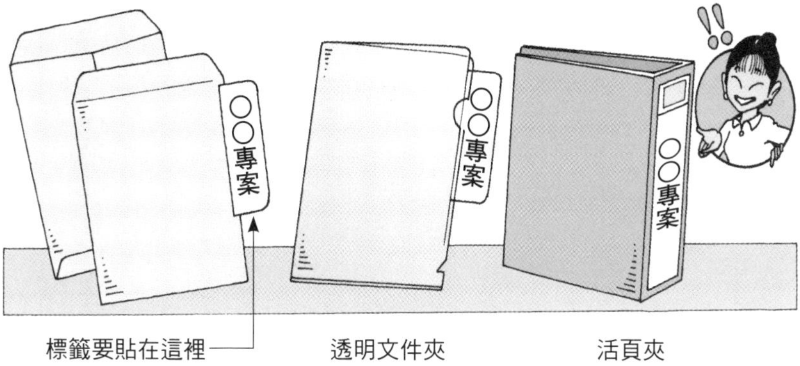

○○專案
○○專案
○○專案
標籤要貼在這裡
透明文件夾
活頁夾

與工作中相關的文件整理法

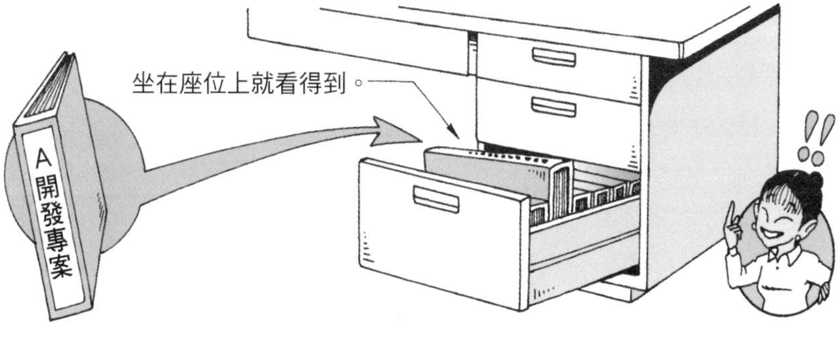

坐在座位上就看得到。
A開發專案

使用頻繁的文件，要以專案分類來製作檔案夾，再收到抽屜裡。

關鍵8
迅速而有意識地完成分類判斷

當新文件或資料送到手邊時，首要之務就是迅速判斷該放進哪個檔案夾，或是製作一個新檔案。

針對這一點，必須強化自己當下正在做什麼的自覺。或許有人會說「我當然知道自己在做什麼」，但越是做慣了的工作，越容易流於制式反應；就算不動腦去想，身體也會自然反應。

要是身體像自動化機械一樣，自動把文件從右邊整理到左邊，會發生什麼事呢？

結果就是文件內容、存放位置，都不太記得了。好不容易得到寶貴的資訊，要是忘記了資訊本身的存在，那就一點用也沒了；而且若想不出放在哪裡，又要浪費時間尋找。

正因如此，有意識地進行分類才有其重要性。

養成意識到資訊含意的習慣

只要習慣於工作，就可以縮短所需時間。此外，累積的經驗越多，對該領域了解就越深。即使面對相同的資料，看法也會不一樣。像是「這個數據可以用在下次的提案」、「這份資料剛好可以用來說服那位客戶」等等，可以讀出新人所看不出的細節。

掌握資訊的本質

正因為有經驗，而且為了活用這份經驗，就必須有意識地進行所有事情。只要確實了解自己現在正在忙什麼，就可以將手邊文件的重點順利裝入腦袋裡。這麼一來，不僅能更快地處理事情，當然還可以迅速判斷出文件是收在哪個檔案夾裡面。

想要掌握自己取得的資訊內容，以及放置場所，必須以高水準來運作自己的大腦。這麼一來，所擷取資訊的質與量都會提升。即使乍看之下很無聊的一封信，也可能隱藏著新企劃案的提示。

一份創造性的工作，需要的是一個覺醒的大腦。

關鍵 9

為了歸檔位置而煩惱的解決對策

就算分類很麻煩，也不要把文件堆著不管

當我們要把新文件或資料建檔時，最讓人頭痛的就是分類會重複。

請大家想想看，當有好幾個檔案互相關聯的時候，應該怎麼處理。

假設我們拿到一份相當有趣的資料，而且跟自己經手的領域有關。

這時我們會心想「這一定派得上用場」，於是想把它收起來，卻開始煩惱應該收到哪個檔案夾裡面。

這時，最糟糕的處理方式就是不管三七二十一，先擱在桌子旁邊。這是還沒決

定文件去向之前暫時的處置，大家總在不知不覺這樣做，但實際上，這不過是單純的拖延罷了。

這是嚴重違反「到手的文件資料要馬上分類」這條守則的行為。

如果認為「這只是個小例外」而違反這條守則，要不了多久，桌面就會回到混亂狀態。

而在這段期間，好不容易拿到的寶貴資料也被埋在堆積如山的文件底下，想要拿來使用已經變得十分困難了。

靠第一個靈感來分類

所以在這裡有個重點，就是你最先想到的是什麼。這方法就是當你第一眼看到這份資料，以腦海中第一浮現的印象為優先。

例如有個要付諸執行的專案，然後我們一看到某份資料就覺得「這份資料可以用在下次的提案內容」，於是打開辦公桌抽屜，馬上把資料分類到與這個專案相關的檔案夾裡面。

如此一來，這份資料就可以確實用上一次了。之後只要在提案時使用一次，就會清楚地留存在記憶中。就算之後有其他專案要使用這份資料，也可以馬上想起它的存放位置。

這種整理方法比起「覺得其他專案應該也用得上，所以先放在旁邊」的作法，要確實得多了。

當然，最初的專案結束後，若想把資料當成參考資料保存起來的話，就必須在檔案櫃或書架等處建立新的檔案夾，然後移置到那裡才行。

就算這樣東西沒辦法讓人想到具體的活用法，只要掌握第一個想到什麼就是什麼的重點，絕大部分的情況都是可以通用的。

要是一直煩惱「這樣做也不對，那樣做也不對」，就會連這種煩惱過程也記憶起來，結果要找出來用的時候變成「好像在這裡，又好像在那裡」，又碰上一樣的煩惱。

插入便條紙來提高方便性

如果這麼做還是感到不確定的話，就使用「插入便條紙」這一招。

假設有A和B兩個檔案夾，而不知道該分到哪一邊的時候，就在某一邊的檔案夾放入資料，另外一個檔案夾則拿張便條紙，寫上「××的資料在○○的檔案夾裡面」，放進去即可。

為了追求完美的整理，結果每次都要影印，再分別收到各個檔案夾裡面，不只耗費時間和工夫，還會增加紙張數量，占據收納空間。

與其煩惱這個煩惱那個，或是不停影印，還不如寫張便條紙夾起來比較有效率。

若是寫在小紙片上，夾進檔案後可能會找不到，所以用A4大小的紙張來寫就可以了。

拿出紙張寫上備忘內容，應該不用花上一分鐘。

讓文件分類更迅速的方法

關鍵 10

運用「艾森豪四分法」整理所有物件

首先要大略分類

有些人雖然想要嘗試新的整理術，卻礙於目前的狀態實在太混亂，想做也做不到吧。若是不重新通盤檢討、打好基礎，那麼在這裡介紹的守則也是幫不上忙的。

如果從辦公桌到檔案櫃、書架等等，到處都有堆積如山的文件，那麼第一步要做的，就是先把所有東西分類到所屬的場所。

在著手之前，先分成幾個階段進行分類作業，會比較有效率。第一階段，把堆積如山的文件做大略分類，之後再因應必要性來整理分類過後的文件。

要是把每一份文件都仔細看過，再慢慢來整理，不僅很花時間，還會讓人失去鬥志，做到一半便覺得厭煩，最後就放棄了。因此，這種方法能持續到最後的機率很低。

如果一開始先把所有文件做好大分類，光是分類完畢就讓人實際感受到有進展了。在這個階段中，不要的東西就直接丟掉，所以做起來也會輕鬆很多。

再來運用地板進行文件分類。因為沒辦法中途停手，只好做到結束。

在此，有一個名為「艾森豪四分法」的整理法可作為參考。如各位猜想的一樣，它就是美國總統艾森豪想出來的方法。

何謂「艾森豪四分法」

作法很簡單，就是先在桌上或地板上規劃出一個大空間，然後把堆積如山的文件分成四大類。

首先區分成四個區塊，再把拿到手上的文件單純分配到適當的區塊就可以了。

四個分類區塊包含：「要丟棄的文件」、「要交給別人的文件」、「重要或緊急的文件」、「特別場所」。最後一個「特別場所」乍看有點難以了解，它可說是整理的同時就能處理掉的一個分類吧。

應用在現實狀況上，只要把周圍隔開，使用辦公桌旁邊的地板就可以了。若是會妨礙工作的話，就利用大清早、午餐時間，或是晚上等沒人的時段來執行。

這四種分類的內涵說明如下：

一、**要丟棄的文件**：如同字面意義，意指要丟掉的文件。這裡如果不堆疊文件，而是先準備好垃圾袋，直接把東西丟進去，效率會更高。

二、**要交給別人的文件**：我們不是最高領導者，通常不會直言「這份文件就交給你去辦了」，但還是有些事情，只要指示下屬或新人就可以完成的；或者有時需要向上司提交企劃案、報告書之類，因此，這一區塊就是收置預備交給公司其他人員的文件。

三、**重要或緊急的文件**：不要把緊急與否當成問題重點，這裡單純是用來分類有必要保存的文件而已。像是之後想收起來卻放著不管的，還有想不出來該放哪裡的文件，就制式地分到這裡來吧。

四、**特別場所**：分類到這裡的是需要回覆，以及尚未看過的文件。之後再詳閱，先大略看過做判斷就好。

艾森豪四分法

不需要的文件，事先準備垃圾袋收好。
要交給下屬或呈報上司的文件。
要丟棄的文件
要交給別人的文件
重要或緊急的文件
特別場所
有必要保存起來的文件。
需要回覆以及還沒看過的文件。

分類完成後馬上處理

這個「四分法」不用花費太多時間，一拿到手馬上做判斷，然後別多想，立刻進行作業，這才是最重要的。

請不要忘記關鍵八：「迅速而有意識地完成分類判斷」。

大略分類結束後，就把區塊一的垃圾丟掉；區塊二要交給他人的東西就交給當事者；區塊三要保存的文件，用新的檔案夾一一分類清楚，再與進行中工作有關的文件放在抽屜裡，參考資料則收在檔案櫃或書架上。

最後，就是處理區塊四裡面的文件了。

這部分不要拖延，一口氣處理掉才是正確的。馬上回覆，或是將沒看過的文件仔細看過再做回覆，抑或收到檔案夾裡面，甚至是要丟棄，都要整理完畢才行。

只要確實執行到這裡，辦公桌周圍就會整理得乾乾淨淨，可以充分享受把至今無法完成的事情做完的成就感，進而沉浸在舒爽的心情中。

而這種愉快的心情，就會成為往後維持整潔狀態的動力泉源。

守則 3

每天進行管理與檢查的整理術

有些人就算把環境整理好，
經過一段時間又會回到混亂狀態；
有些人即使看著周遭一片混亂，
卻又想著以後再來整理就好，
結果到最後什麼都沒做……
想要脫離以上這些狀態，
就要養成定時管理、檢查的習慣。
「守則3」就是教你養成這種習慣的方法。

關鍵1

「等有時間再來……」就一輩子做不完了

不費力又能提高效率的整理術第三條守則，就是「每天進行管理與檢查」。簡單來說，經常確認自己的整理系統，在每天的工作流程中排入管理、檢查時間，所有經手的東西都要先簡單檢查過再處理，就是這麼一回事。

只要實踐這點，就能維持新的整理系統，並愉快地進行工作。就算有時發生混亂，也可以馬上動手解決，不至於讓辛苦建立起來的系統隨著時間瓦解。

一開始，把「桌面上有沒有放置多餘的東西」、「抽屜或檔案櫃裡面的檔案是否已經歸位」、「有沒有文件尚未歸檔」等等注意事項牢記在腦中，時時檢查就可以了。也就是要特別注意自己容易忽略的事情，專注緊盯著。

實際感受整理過後的舒適環境

建立了新的整理系統之後，就要每天進行管理、檢查。如果想著「稍微有點亂了，不過等有空的時候再整理就好啦」，那麼一眨眼的工夫就會回復原本的混亂狀態。

只要充分感受過整潔的狀態到底有多舒適，對於日常繁瑣的管理、檢查也就不會覺得辛苦了。

「有空時再一併整理」這種想法是非常不切實際的。一

每天確實執行這類例行檢查

桌面上有沒有放置多餘的東西。

抽屜或檔案櫃裡面的檔案是否已經歸位。

有沒有文件尚未歸檔。

旦周邊陷入混亂，工作效率隨之降低，馬上又會被時間追著跑。

好不容易在時限之前做完事情，但是往後延的問題又堆積如山，那就很難找出空檔了。而且只要一有空檔就會想休息，結果整理系統的總體檢也變成被延後的問題之一，實際行動的可能性也因此一天比一天更低了。

想讓整理系統維持有條不紊地運作，日常的管理、檢查也屬於其中一環。

關鍵 2

養成每天管理、檢查的習慣

也許有人一聽到「每天都要進行管理與檢查」，就覺得一定很花工夫吧。

事實上，的確應該不時動手整理一下，而且這麼做非常重要；若以整體來看，這麼做其實比東西凌亂不堪再來收拾要省工夫。

再考量找東西所耗費的精力與時間，那麼只需花費幾秒鐘到幾分鐘的管理和檢查根本不算什麼。

及早發現，及早因應，整理起來比較簡單；若是放著不管，之後將耗費大量的精力與時間。

至於還感受不到日常管理重要性的人，只要先觀察周遭擅長整理的人就明白。

擅長整理，就是努力於管理和檢查

以我拜訪過的出版社編輯O先生為例，即使只拿出一樣文具，也會非常細心地關注它。要使用自動鉛筆，就是從特定位置一手抽出來。我曾經在他打開抽屜時往裡面瞄了一下，發現所有東西都是精心挑選的必要物品，排列得整整齊齊。就算自動鉛筆寫到一半沒筆芯了，他也一樣從容地拿出筆芯盒，補充個幾支，而且在一連串的程序中，還會確認筆芯盒裡頭剩下多少筆芯。

養成日常檢查的習慣

在取放文件的時候，檢查一下該區域，就可以常保整潔狀態。

當然用完之後，他就把筆放回原來的位置，這時候如果看到抽屜裡混入沒看過的東西，或是擺設有點混亂，便順手快速整理。有的同事也覺得很不可思議，「為什麼O先生總是能把東西整理得那麼乾淨呢？」關於這個問題，其實只要稍微觀察一下就可以了解——也就是要經常努力於管理、檢查。

只要養成這種隨處注意的習慣，那麼像是紙製檔案夾變得破爛不堪時，你馬上就會注意到，並以膠帶進行修補，或是更換新的檔案夾。這麼一來，就可以防止檔案夾裡面的文件脫落，抑或取出檔案時文件散落一地等意外了。

文具或事務用品，還有整理系統本身，只要在日常生活中適時維護，就可以維持正常運作。要是放任不管，在必要時就會變得無法使用。就像在精心整理的庭園裡面，植物會生長得綠意盎然一樣，只要每天注意自己的整理系統，就可以維持清爽的環境，開出工作成功的花朵。

關鍵
3

做點小整理來獲得成就感

試著欣賞、稱讚自己整理好的狀態

把任何東西都整理得漂漂亮亮，對所有人來說都是很愉快的事情吧。

至於覺得麻煩的人，只要試著感覺一下整理完成後的舒適感，還有一點小動作就可以到手的成就感，應該就有幫助了。

例如，有份與進行中的專案相關的新文件，試著把它建檔吧。

首先，當然是拿出檔案夾。我們知道進行中的專案檔案夾是收在辦公桌抽屜裡面的，所以要先掌握目標檔案夾的位置，記住那種愉快的感覺，然後打開抽屜看見那幅整齊的景象，就會更滿足了。

接著拿出那個檔案夾，把新文件放進去收好。這時候要概略確認內容，因應需求整理一下文件順序，或是把不要的文件丟掉。

只要這樣放回原位，就是一邊做好分類整理，同時也進行了檢查的工作。把檔案收到抽屜裡面之後，可以對抽屜看個兩三秒，並給自己一個滿足的微笑。像這樣滿足於整理乾淨之後的狀態，那麼在進行維持整理系統的管理、檢查時，就可以享受執行的成就感了。

先從做得到的地方開始整理

處理辦公桌上的兩層式公文架也是一樣。公文架裡還有文件的時候，一有時間就要著手處理。這當然也包含在整理系統的管理、檢查之中。為了不讓公文架滿出來，必須經常檢查留意。

剛拿到手的文件先大略過目，就算是因為對方狀況而不得不保留在備用空間裡的文件，也要盡快處理掉。只要新到文件的空間是空的，多少會有一份成就感。

只要能確實地消化、處理文件，就會覺得自己是個「擅長整理的人」、「工作很有效率的人」。這麼一來，自信跟著增加，進而更有鬥志了。

或許有人會想，「看到現在這副散亂模樣，我很懷疑是不是能整理好」。其實可以試著整理桌上其中一部分就好。把一部分堆積如山的文件分類到該放的地方去，只要能夠看到桌面，就能得到某種程度的成就感了。

如果周遭亂成一團，想做什麼也下不了手，就會認為自己是個沒用又懶散的傢伙，很容易因此而意志消沉。

沒有自信的人，首先要做些確實可以做到的事情來享受成就感。你會從這裡開始產生自信，接著動力會源源不絕冒出來。

「這個也該做，那個不做又不行」，若是這麼想，反而會造成心理壓力。只要馬上處理眼前看到的東西，就不會這麼想了。從做得到的事情開始，就能夠維持整個系統，也能愉快地進行工作了。

讓喜悅成為整理的動機

把它收到××專案的檔案夾裡面去吧！
由於掌握了需要的檔案放在哪裡，所以馬上就能拿出來。
因為抽屜整理得很整齊而滿足。
好整齊啊！
順便整理一下吧！這個用不到……
扔
扔
大致確認一下檔案夾內容，不要的文件就丟掉。

努力維持整理系統的管理、檢查，因而獲得成就感！

關鍵 4

提早十分鐘上班檢查整理系統

有效活用上班前的時間

最適合用來管理、檢查的時間，就是一大早開始上班之前。常在上班之前匆忙趕到的人，其實可以想想，只要提早十分鐘到公司，一天的開始就會有很大的差別。

如果勉強閃過遲到的命運，氣喘吁吁地坐在位置上，很難馬上就開始處理重要的事項。

若是匆匆忙忙飛奔進辦公室，當然要先喘口氣靜下來，而腦袋要進入工作狀態，也需要一段暖身時間。

有些人會花時間、慢慢地確認新送來的信件、傳真、電子郵件等等，結果讓散亂的桌面更加混亂。

這麼一來，不管過了多久都沒辦法開始著手處理原本的業務；當然，也就整天被工作追著跑。

若是辦公桌周圍整理得乾乾淨淨，就可以馬上動手工作。因此當然要從日常做起，努力維持自己的整理系統。而提早十分鐘到公司，也可以想成是其中的一環。

一到公司，坐在自己的位置上，首先要確認整理系統有沒有亂掉。不在特定位置上的東西，就整齊地放回原位。稍微散亂的部分，要特別用心做重點整理。

由於上班時間還沒到，桌上當然是什麼都沒有的狀態。如果桌上已經放了公司內部的傳閱文件或備忘紙條、傳真等等，就要配合當天的行程，馬上動手處理或是放入新到文件的空間。

如果沒有緊急的工作，馬上把小事處理完畢，會讓心情輕鬆舒爽許多。所謂「一日之計在於晨」，不妨好好運用這段上班前的時間。

彈性處理新到的文件

有人會嚴謹規範新到文件的處理時間，不過我認為，還是彈性化因應比較好。如果一大早就嚴厲地鞭策自己，一旦有事情沒做到，那麼一整天都會很消沉。心情無法舒坦穩靜，更沒辦法集中精神處理緊急事務。仔細想想，原來是沒達到早上的工作進度，所以才會發生這種事。像這種會讓自己感覺很無能的危險方法，還是盡量避免使用比較好。

若有需要最優先處理的工作，那麼收到新文件就不要多想，直接放到公文架上吧。待手上工作告一段落，再馬上回頭處理新到文件，應該就不會發生問題了。

不過，對於晚上經常接到緊急聯絡的人來說，最好一大早就處理新到文件。一邊過目，一邊處理，實際計算一下平均要花幾分鐘就可以了。只要估算出這個時間，提早到公司處理，那麼在上班時間一到，就可以馬上有個順利的起頭了。

這樣整理，讓一天的開始截然不同

●檢查整理系統有沒有亂掉

尺規在
這裡！
有散亂的情形
就物歸原處。

●散亂的區域要確實整理

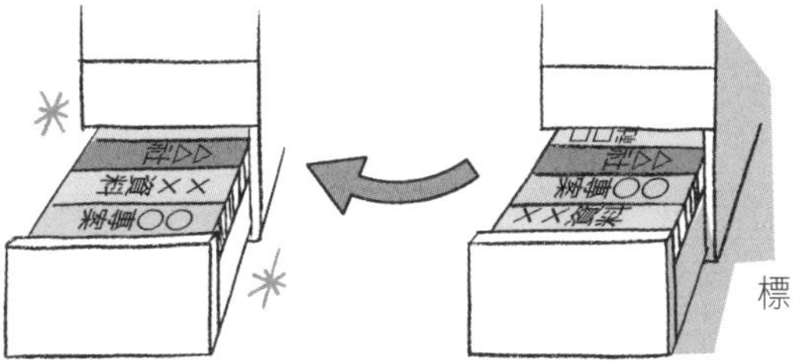

標籤要朝相同方向。

●整理新到文件

這份傳閱
文件要交
給△△！
這份文件
放在公文
架上！

只要處理得俐落，心情也會平穩。

關鍵5 午休可當作管理、檢查的備用時間

就算提早十分鐘上班，還是沒辦法挪出時間處理新到資訊，就要利用午休時間了。把午休當作早晨管理、檢查的備用時間；在光靠早上沒辦法處理完畢時，再挪一部分午休時間來運用。

或許有人認為，「不過是個午休，就讓我好好休息一下吧。」既然這不是每天都會發生的事，也就不必犧牲一整段的休息時間。平常，午休是與同事喝杯飯後咖啡，或者輕鬆看看雜誌或體育新聞的時間，不過也可以是把新到資訊過目一次，或是回覆電子郵件的時間。當然也有人認為，午休大部分是處理雜務的時段，並且每天身體力行的。

我有一位在服飾業公司工作的朋友K先生，他就是這樣的人；他認為「午休時

間，周遭的噪音都會消失」，因此努力工作。

好比說午餐決定要吃三明治和咖啡，坐上餐桌，只要十分鐘左右就可以吃完了。之後，先開始處理必須回覆的電子郵件或信件。其實吃完飯不久，精神似乎意外地集中，所以很適合製作企畫書或提案等等。

利用午休時間回覆電子郵件

在午休時間會關燈的公司裡，可能沒辦法這麼做。不過隨身帶著

善加運用午休時間

提前吃完午餐……

檢查電子郵件，
整理新收到的文件、資料。

筆記型電腦的人，只要周遭有WiFi等網路連結可收發信件，就能檢查新到郵件並予以回覆。就算沒辦法收發E-mail，也可以看看已經收到的信件，並準備回覆的內容。

在電機製造廠商工作、約三十來歲的M先生，也是這樣利用午休時間，在辦公室外面繼續工作，不過同事似乎都沒發現。聽說這是因為他每週最少有兩天會找同事一起吃午飯，藉此潤滑部門中的溝通管道，同時也可以獲取公司內的資訊。

尤其在同事大多展現一種「輕鬆做就好啦」的態度，想要排擠比較有能力又受注目的人的工作環境裡，這種工夫更是重要。

不管整理得再怎麼完美，如果周遭同事因此認為你太過正經而討厭你，就很有可能扯你後腿。所以還是配合情況，想想如何聰明運用午休時間吧。

關鍵6

有助於隔天工作的下班習慣術

當一天的工作結束後，能夠在下班前訂定一段管理、檢查的時間就更好了。這段時間可以用來解決之前正在做的工作，如果有拿出來使用卻還沒歸位的檔案或文件，就此收回原來的位置。

另外，還可以確認公文架上有沒有新到的文件，有的話就處理掉。

再者，也能運用這段下班前的時間整理當天獲得的顧客資訊。擔任業務職位的A先生，就習慣利用下班前時間累積客戶的個人資料。

就算勤跑業務，成果也不是那麼容易展現出來。但也不能因為這樣，就認為是白跑一趟，從事業務者應該都很了解這種狀況吧。由於A先生很擅長若無其事地跟客戶閒話家常，從中巧妙問出負責人或高階主管的興趣、老家、家庭近況等等。A

先生會在回家之前，趁著記憶猶新，將這些新到手的資訊輸入電腦建檔。

聽說想要不怕麻煩、持續進行的祕訣，就在於要把這件事情當成寫備忘錄一樣。如果只是用來提醒自己的內容，並不需要什麼華麗的詞藻。像是「興趣是小白球。一個月打兩次……」之類，以書寫備忘紙條的要領進行註記就可以了。

這個方法除了電腦之外，管理其他資訊的時候也用得上。當然用電腦搜尋是很方便的，只是非業務人員，在工作上與其他公司的人較少接觸，把備忘內容寫在名片背後應該就夠了。

但有些人習慣將名片彙整到名片簿，若備忘內容寫在名片背面就麻煩了，因為不拿出來是看不到的。這時不妨寫張備忘卡片一起收到名片簿，放在該名片的旁邊或下面就行了。

工作一天當中能見的人數有限，所以這種資料處理並不會花太多時間。只要當天處理完畢，積少成多，就會變成個人有價值的工作資產了。

預先思考隔天的工作進度

此外，當天工作結束後，要一件件思考當天經手過的工作內容，並加以確認。這麼做，有時會讓你想起一些遺漏的事情。發送文件、索取資料等，只要有讓自己在意的事情，就盡量當下處理完畢，這樣腦子裡和辦公桌都會變得乾乾淨淨。

同時，也可以製作隔天該進行的工作清單，也就是事先整理好隔天要怎麼進行工作。這麼一來，隔天一到公司，偶爾還會冒出幾個好點子呢。

事先進行到準備階段的話，隔天早上只要稍微瞄一下清單，馬上就知道該做什麼，也清楚必要的文件是什麼，因此工作效率會更加倍。

關鍵 7

行程表以一週、一個月為單位做管理

重要的預定事項先寫入行程表

一大早、午休時間、下班前，再加上提不起勁的時候等等，只要日復一日持續進行管理、檢查，整理系統就不至於發生大混亂的情況。

即便如此，還是可能碰上突發事件，讓人忙到連喘口氣都來不及、雙手做個不停的日子。

這時候，最重要的就是以一週、一個月為單位來管理行程表。只要有雙方面的視野，就可以應付意外狀況，並且長期維持整理系統了。如何整理該做的事情，在第一章就提過了，可以把備忘事項寫在一本記事本裡面。

應該有人只用這種方法，就想要解決所有工作的行程管理吧；但是一天一頁，有難以一眼看完長時間規劃的缺點。除了該做的課題之外，另外也寫上開會的時間，這樣做固然很好，但是能夠一眼看出一週、一個月預定事項的行程表，也很重要。

就我個人經驗來說，是使用記錄欄位比較大的月曆，作為整月行程的參考。當然桌上用的小型月曆也可以，不過最好選擇一週一週並排，以週為單位、或以月為單位都很方便使用的月曆。

把這種月曆當作行程表，先寫入重要工作的時程，例如提案、會議、交貨日期等等。只要寫上重要的預定事項，就可看出大概什麼時期會很忙，什麼時期比較空閒。

而以一週為單位的工作排程，只要使用從星期日到星期一排列的週曆，就可以看出個大概了。像這樣在前一週建立更具體的行程表，效率就會更好。

如何預排「一週行程表」

以週為單位的行程表，在前一週的星期五做好，比較不會跟預定事項相差太多，效率也比較好。這裡所說的行程表，是要呈現手上所有工作該怎麼進行的詳細行程表。

一般使用Ａ４大小的紙張就夠了。以Ａ４尺寸訂出格式，印刷或影印多張之後，每週寫上日期來使用，相當方便。如果把這些行程表用活頁式檔案夾歸檔，之後要回頭查閱，也可以馬上了解什麼時候做了什麼工作。

至於備忘記事本，可以保留第一頁或最後一頁當作一週預定事項用的頁面，這樣就能把相關行程的資料集中彙整在一本記事本裡了。

也有人選擇在每星期一訂定一週的預定行程，這樣有可能讓人覺得「要處理的事情怎麼像山一樣高」，心情也跟著浮躁不穩起來。

建立一整套的計畫，才容易在腦海裡做整理。另外，建立一週的計畫之後，準備該預備的東西，讓下星期一開始能順利地進行工作，一路順暢下來，才能輕鬆度個週末喔！

要設定什麼預定事項都沒有的備用時間

在決定預排事項時，最好預留半天左右的時間備用。倒不是因為進度一定會落後才這麼做，而是如此預留對估算工作所需的時間、磨練估計的精確度，也有很大的幫助。只要每天多加注意，就能抓到那個感覺了。

之所以要有備用時間，其實是為了應付突發狀況——或許有緊急工作加進來，也可能有重要的顧客突然遠道來訪。另外，處理客訴有時也會意外花費掉很多時間。

萬一碰上如上狀況，只要有半天的備用時間就可以放心了。至於安插的時段，定在星期五左右會比較好。就算發生什麼事，也可以在當週調整完畢，而不用延到下一週。至於星期五總是特別忙碌的人，把星期三下午當作備用時間就好了。

有的人則是星期五整天都沒有安排預定事項。他們把一週的預定事項只排到星期四，就是要利用星期五來處理實在做不完的工作，或是因為意外狀況而延遲的工作。要是什麼事都沒有，就用來做整理系統的重點管理、檢查即可。

真的連半天都空不出來的人，請務必要把星期三或星期五的早上或晚上等較空閒的時間，拿來當作備用時間，然後配合當週情況，提早一小時到公司，或是晚一小時下班，盡量把事情在當週內處理完。如果這樣還不夠，可能就得勤勞些，星期一提早上班了。

以一個月、一週為單位的行程管理法

放入活頁檔案夾裡面，
之後要查詢工作如何進行
就很方便。

寫上重要工作的時程，
就可以看出什麼時期比較忙，
什麼時期比較空閒。

關鍵 8

提不起勁時，不妨整理一下周遭環境

不管是誰，總會有提不起勁的時候。

這時當然可以出去散散步，轉換一下心情；但是沒辦法外出散步時該怎麼辦？其實可以趁這時檢查一下整理的狀況。

只要花個十分鐘左右做些簡單的整理工作，心情就會清爽許多，重新回到能集中處理重要工作的狀態下。

感覺焦躁不安時，或者在意其他事情而無法集中心力工作也一樣。

此時不妨小聲地喃喃自語：「這份資產要放在這個架子的這裡。」、「這份文件已經用不上了，丟掉吧。」

這樣的動作有助於讓人重新面對眼前的工作，拋開紛亂多餘的思緒。此外，發出聲音也可以幫自己想起什麼文件放在哪裡。

另一方面，需要繃緊神經的工作告一段落，就可以轉向文件整理之類的輕鬆工作。因為不用投入全部心力也能做，同時可以讓腦袋瓜休息一下。

但如果處於太過放鬆的狀態下，一旦好不容易拿到重要的資料，有可能一時之間不知要收放在哪裡好。因此進行文件分類時，還是要維持一些專注力比較好。

妥善運用身體的節奏

下午兩點到三點特別想睡覺……
ZZZ
12
3
6
9
來整理一下名片吧！
名片 File
這種時候更應該做整理！

把下午兩點到三點當作整理時間

掌握身體的節奏，配合節奏來設定整理系統的管理、檢查時間，也是一個好方法。

例如在一整天裡面，午休過後的下午兩點到三點，通常是最想睡覺的時候，也就是所謂「可怕的午後消沉」的時間帶。根據調查，在這段時間，工廠的作業疏失和駕駛打瞌睡的數據確實有增多的現象。

認為自己在這段時間會想睡覺的人，就要避免在這時候進行需要集中精神的工作，應該試著做一些想在最近處理的資訊管理作業。

好比整理名片、管理電腦中的顧客資訊或目前為止所累積的資料統計等等，像這種先行處理就能提高工作效率的事情，應該不算少吧。

不過要注意的一點，就是手部動作必須有快有慢，因為持續進行太過單純的工作，反而很快就讓人哈欠連連了。

守則

4

適時丟棄不需要物品的整理術

原以為可能哪天會派上用場的資料，

過了「有效期限」的報章雜誌剪報，

還有堆積如山的傳真文件……

沒辦法瀟脫地扔掉這些資料的人，

請將「守則4」的要領銘記在心，

認真培養瀟灑丟棄的習慣吧！

關鍵 1

別再累積「可能有用」的文件

不擅長整理的人，周遭總是堆滿許多東西。大量物品擺放得毫無秩序，形成一個紛亂的小世界，這就是他們的現實情況。

而這裡最關鍵的就在於，「沒辦法把東西扔掉」的問題。

不擅長整理的人往往都會說「沒辦法扔掉」和「沒辦法整理」，這兩件事其實是有密切關聯的。

我們回頭來看，為什麼東西會扔不掉呢？

把文件或資料收藏起來的最大原因，應是覺得「總有一天會派上用場」吧。

原以為「有可能會派上用場」，所以覺得可惜才不想扔掉，而且還擔心扔了之後造成麻煩。

每每這樣想的時候，文件或資料就越積越多。

如果這些真的是有效的資訊累積，那當然是可喜可賀；遺憾的是，大多數狀況並不是如此。

當舊文件隨著新文件的加入而被埋沒的時候，就只是進入無法使用的冬眠狀態。

老舊資料很難派上用場

事實上，可能會派上用場的「某天」是很難到來的。在它到來之前，資訊的有效期限早已經

確實判別不需要的東西

總有一天會派上用場吧。
擠
擠
數年後
嘩啦
嘩啦
哎呀!

「沒辦法扔掉」也就是「沒辦法整理」。

過了。

派不上用場的東西，最後只會被遺忘。

一旦偶爾有變動而需要整理時，應該會讓你有一種像考古學家的感覺吧。古早的文件或資料，會從抽屜或檔案櫃深處冒出來，看起來就像挖掘古蹟一樣，可惜挖到的東西是不會讓人開心的。

因為這些東西早就不能用了，只能直接丟進垃圾桶。

如果不想發生這種狀況，就應該「適時丟棄不需要的物品」。也就是現在要開始講解的，有效率又實際的「守則4」整理術。

關鍵
2

不要讓資訊變成「無法使用的狀態」

過了有效期限的資訊，就算慎重保存也沒有意義。不僅如此，反而會造成秩序混亂的重大弊病。

資料的實用性，絕大多數的情況下會隨著時間而消失。在新鮮感還很強的時候就能再次利用當然很好，但並不是每份資料都能這樣。而在這段期間裡面，努力收集來的資料就變得老舊了。

經過一定時間之後，必須重新收集資料才行；這時舊的資料就沒有用處了。像這樣，當更新版的資料一出現，就應該當場捨棄舊版的資料。只要在每天的管理、檢查中進行這點動作，就不會導致後續的麻煩了。

要是有人認為「好可惜，不想扔掉」的話，最好還是重新思考一下「可惜」這個詞原本的意義吧。有用處卻沒使用，結果浪費掉的才叫做「可惜」，而不是把沒有用的東西塞到檔案櫃底層去。

如果用完的資料堆到滿出來，搞不清楚有用的資訊在哪裡，讓資訊變成無用狀態，那才真的叫做可惜。

避免浪費才能活用資源

所以還能用的東西就先別扔掉。另外，也不必為了把周遭環境清理乾淨，而把用過一次的東

所謂「浪費」的真正意義是……

能用的東西，是不是陷入無法使用的狀態了呢？

西全都扔掉。有些人只要確認必要時能夠再次拿到手，連書也會扔掉，但這樣做反而過頭了。

「用完就丟的時代」已經結束，是無可否認的事實。不只是日常用品，資訊也可以這麼說。更別提跟紙張消耗有關的話，還直接關係到環保問題。

並不只是為了保護地球環境，所以認為丟棄紙張很可惜。避免浪費才是正確的思考方向。也就是在收集資訊、製作資料的時候，要選出真正有用的東西，並在實質意義上活用所得到的資訊。

為了活用有價值的資訊，確實整理的狀態是不可或缺的。只要把不需要的東西扔掉，就可以經常保持整潔，也就能有效活用資訊了。

關鍵3

每當工作告一段落，須把文件整理、丟棄一次

專案完成後，隨即有效率處理相關文件

現在我們來具體說明，不要的東西該怎麼扔掉吧。

首先是辦公桌抽屜的深處。因為抽屜是進行中工作相關文件、專用的收放場所，因此完成一個專案之後，就要把相關文件移往別的地方。

當然，不是換個地方就可以了。

在工作結束時，應該會產生許多不要的文件，如公司內部往來的備忘錄、最後沒用到的資料、在起始階段所製作的資料等等，只要可以丟的就丟掉吧。

當然，經手個人資訊或公司機密資料時必須特別注意，尤其要避免用文件背面

來影印，結果不小心將資訊外流。所以，最好還是遵守公司規範將這些文件丟棄。

將以後用得到的資料，移到保存資料用的檔案櫃裡。至於要怎麼使用，可以用檔案夾、活頁夾、大信封袋等，自己方便使用就可以了。

最重要的是直立並排以方便取用，並貼上明顯的標籤來標示內容。

關於往後不知道有沒有運用價值，需要先保管一定期間的文件等等，就移到專用空間。如第一章所提到的，這個空間不需要設在辦公桌的旁邊。

這時可利用公司的文件保管用空間吧。大信封袋也好，瓦楞紙箱也行，適當地整理打包起來，早點放到專用空間去就是。

分類要迅速且養成習慣

需要長時間執行的工作，每當告一段落就要大略確認相關文件的內容，並分類到適當場所去。

只要確實執行這個動作，就可以讓辦公桌周圍經常維持在整潔狀態下，而有效率又愉快地進行工作。

有人覺得「整理實在太麻煩了，所以不知不覺就會拖延」，其實可以把整理當成是享受成就感的機會。

如果是已經大功告成的工作，更是如此。看到一開始進行時的文件，應該會讓人深刻感受到走過漫漫長路、歷經千辛萬苦才抵達終點的感覺吧。這時也許會覺得自己能力很不錯，在心底按個讚。

不過還是要避免沉浸於感動中，導致花費太多時間整理的烏龍情況。守則二「將新文件確實分類」，在這裡也適用。

如果是剛剛才完成的工作，即使不把文件一張張重新仔細讀過，也知道它們的內容，所以只要大略過目、快速分類即可。

工作告一段落時該做的事

這次專案用過的
資料或文件，該
怎麼處理呢？
倉庫
當下用不到，但
是必須保存一段
時間的資料，就
裝入瓦楞紙箱再
搬出去。
往後可以作為資料
使用的，就移到檔
案櫃等處。
資料
這麼一來，桌子
就乾乾淨淨了。
碎紙機
可燃性
垃圾
可以扔掉的東西就
扔掉。

整理時不要浪費時間

當時跟客戶
發生摩擦，
真是辛苦啊
……
資料

不要仔細閱讀文件，或是沉浸在感動中。

關鍵 4

將文件依丟棄的時期分類

預定文件資料丟棄的日期

為避免累積多餘的東西，有人會採用一些特殊的方法。

像是擔任編輯的N先生，就會把位在辦公桌後面的檔案櫃下半部，當成時間一到就要丟棄的文件專用空間。他利用可以直立並排A4大小文件的瓦楞紙箱，將紙箱蓋折到內側，維持打開的狀態，再把文件放進裡面排成一列。

每個箱子都貼上寫著不同時期的紙張，例如「在九月丟棄」、「在十月丟棄」、「在十一月丟棄」，還有「在十二月丟棄」等等。

一旦經手的書籍出版後，就把與該書本相關的文件放入該丟棄時期的紙箱中。

之後等時間一到，就將整箱文件一起丟掉，相當簡單。

至於箱子則貼上預計丟棄的新月份紙張，調整順序，再放回檔案櫃下面即可持續使用。

當然並不是將與該本書籍相關的所有文件或資料全都放進箱子。首先，在書本發行上市後，為因應讀者詢問或發生問題的情況，將需要保管一定時間的文件做好分類，放入箱子中。

有關於資料的種類，若是其他企劃案也用得到的，就收放到書架上。而自己研判可能有機會用到的，就訂定資訊過期的時間，例如決定三個月，就裝進三個月後丟棄的箱子裡。

發現捨棄的好處

或許有人認為，連資料都要做到這種地步，豈不是太麻煩了。

確實，有可能再次使用的資料，若是跟有必要保管的資料放在一起，可能很難找到需要的東西。而在丟棄資料之後，也可能為了「還是保留起來不要扔掉比較好」而後悔。

但是聽說N先生因為採用這種方式，使得工作進行得極為愉快，因為他可以抬頭挺胸地說，自己從「沒辦法扔掉的人」變成「會整理的人」了。

先前他覺得「這個可能會用得上」的資料，基本上幾乎都不會再用到。有時候真的派上用場，他也記得是哪個企劃案所用過的資料，馬上知道該從哪個箱子尋找，據說通常花個兩、三分鐘就找到了。

雖然有好幾次他都會想：「如果之前先收起來就好了。」但是一樣的東西找起來並不怎麼辛苦，因此還不至於到後悔的程度。基於長期處在被源源不絕、大量紙張淹沒的狀態下，他相信稍微找一下就能解決，所以不如下定決心扔掉來得好。

預先決定丟棄的日期之後，就很容易下定決心。這個方法可以給不擅長捨棄的人，做個很好的參考。

決定文件丟棄的日期

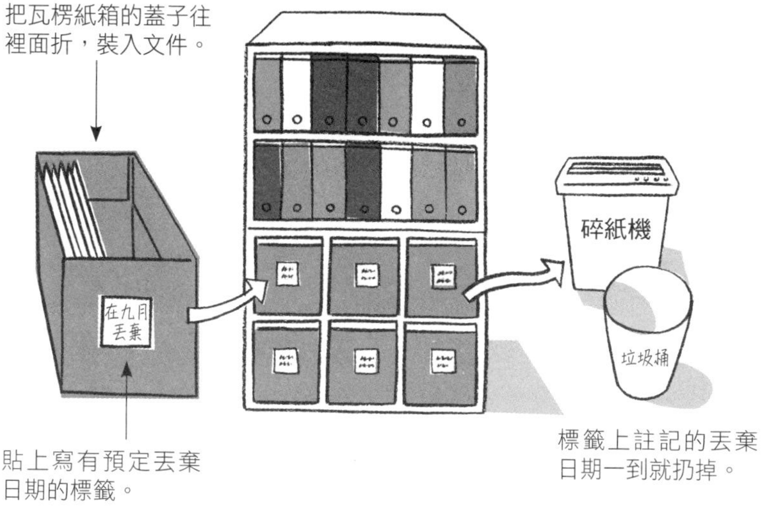
把瓦楞紙箱的蓋子往
裡面折，裝入文件。
在九月
丟棄
碎紙機
垃圾桶
貼上寫有預定丟棄
日期的標籤。
標籤上註記的丟棄
日期一到就扔掉。

依預定丟棄日期做整理的好處

從捨不得扔掉的
人變成會整理的
人！
以為可能有用的
資料，幾乎都不
會使用第二次。
當初認為應該保
留的資料，後來
很輕易就能弄到
手。
馬上就知道所
需的資料放在
哪裡！

容易下定決心丟棄，也可以把桌面整理得很乾淨。

關鍵5

報章雜誌剪報該如何整理

用剪貼本收集彙整資訊不合時宜

只會累積而難以整理的東西，最具代表性的就是報章雜誌的剪報了。許多人會先收集剪報，到最後卻都沒用上，直到有一天要搬家了，才全部整理出來扔掉。

或許一般人覺得大量剪貼收集，就可累積許多有用的資訊。但若無法順利取出使用，其實也派不上用場；要是處理得不好，甚至隨著時間流逝而忘記那份剪報的存在吧。如此一來，就稱不上是在累積資訊了。

解決的方法就是——把一定期間沒用到的東西，當成不要的東西看待。資訊會隨著時間流逝逐漸過時，身處在這個資訊化時代裡，拿著過時的資料可是會遭人訕笑的。因此必須決定剪報的保存期限，時間一到就扔掉。

作法有很多種，不過重要的是一開始先別整理得太完美，而是要能有彈性的因應。把剪下來的資訊馬上貼到剪貼本的作法，其實有很大的缺點，因為想把東西扔掉的時候很不方便。

另外，即使準備了好幾本剪貼本，要想出一個適當的分類也是很困難的。結果可能本子的數量一直增加，裡面卻只貼了兩三則報導而已，不只花工夫，也很占地方；以效率來看，其實是相當不合適的作法。

善用大信封袋收納管理

以我的情況來說，是使用B4的信封袋來大略分類，剪下報導之後就直接放進去，是很單純的方法。剪報上面註明日期與媒體名稱，信封袋上則寫上標題。與當下處理的工作直接相關的報導，就依所需直接拿出來當成資訊使用，待工作結束之後，就跟其他資料與文件一起整理。例如移至保管用空間，在書本或雜誌發行上市後的一、兩個月，就把它們扔掉。

可能會成為往後企劃案的資料，還是裝到信封袋裡面，不過最多保留個半年就應該扔掉了。至於沒辦法整理成企劃案的資料，視情況在兩、三個月之後就處理掉吧。

這類工作要在日常的管理、檢查中進行。

自己有興趣做長期追蹤的主題，則以三個月為單位來檢查信封袋的內容，並加以整理。大致看過一下，覺得沒有必要繼續保存的就丟掉吧。

預定一個時間，再做文件分類、建檔與丟棄

也可以先不分類，待一段時間之後再一口氣進行分類。也就是先將報章雜誌剪下來，放進大信封袋或瓦楞紙箱裡面，經過兩、三個月之後，到了自己預定的時間再一併整理。

這麼一來，以往一次都沒用上的資料，當下就可以捨棄了。

剪貼本不合時宜囉！

需要的報導
不需要的報導

用剪貼本會很難處理不需要的資料。

新產品相關
企業資訊
徵才資訊
業界資訊
相關企業資訊

不僅分類困難，本數也會一直增加。

用信封袋保管剪報的方法

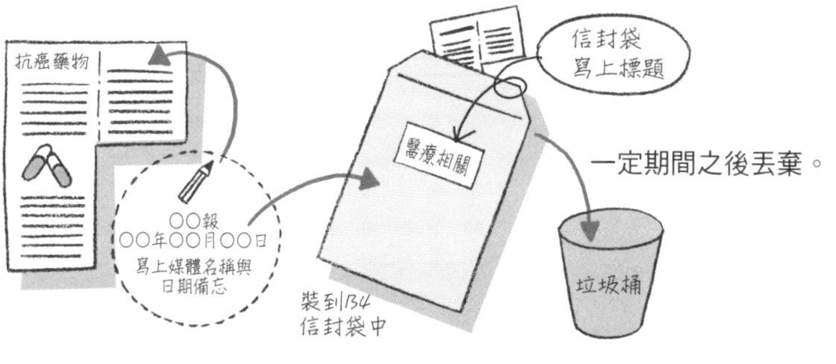
抗癌藥物
〇〇報
〇〇年〇〇月〇〇日
寫上媒體名稱與日期備忘
裝到B4信封袋中
信封袋寫上標題
醫療相關
一定期間之後丟棄。
垃圾桶

之後再一併整理建檔

先不分類，盡量累積吧！
BOX
影印
只把運用過的報導影印下來保存！
〇〇相關

而運用過的剪報就當成有價值的資訊，可貼在保存用的剪貼本上，並影印建檔來做整理。到了這個時間點，分類起來也比較簡單，應該不會耗費太多工夫。如果覺得麻煩，就繼續放在信封袋裡，或是放進風琴夾裡面就好了。

對於擅長收集大量剪報的人來說，三個月時間就能累積相當可觀的份量，所以大略分類之後分裝到信封袋或箱子裡，並依時期進行分類就好了。

從事廣告業的H先生，嘗試執行每週以信封袋分裝的方法——在信封袋寫上「○月×日～○月△日」之類的日期，然後把當週剪下來的報導全部塞進信封袋裡。運用過的剪報則影印起來，跟其他相關文件一起建檔。過了三個月之後，再把信封袋的內容物全部扔掉。

關鍵
6

讓否決的企劃案再度派上用場的方法

丟棄文件或資料的理由，除了資訊過時之外，就是它對自己沒有任何用處了。

假設現在正進行有關「健康」的企劃提案。我們努力收集派得上用場的資料，並將資料帶去開會，結果企劃案遭到否決，那麼這些資料該怎麼處理呢？

如果近日極可能有第二次提案機會，通常會把相關資料整理到檔案櫃中保管起來。實際上，被否決的企劃案因某種契機而復活的情況比比皆是，並不稀奇。

那麼，要是這個企劃案沒有敗部復活的話，又該怎麼辦呢？在沮喪萬分地把資料扔進垃圾桶，或是意志消沉地整理到丟棄用區域之前，其實可以再想想有無其他用途。

建立資訊互通的橋樑

有沒有可能，其他同事也想要這份資料？

即使自己往後沒機會再參與健康相關的提案，但若同事最近打算進行、或有同事正著手進行這類企劃，不妨將資料提給他們參考。若你收集到的資料很有價值，說不定對方還會開心跟你道謝：「那我就收下來用了，感激不盡。」

只要對同事的工作有幫助，就算最後沒有提案成功，至少資料也再次運用上了。資訊能夠回收再利用的話，真是再好不過了。

資訊的回收再利用

仔細評估落榜企劃案的資料可以怎麼運用。

謝謝！
你幫了我
大忙！
這些資料應該對
你的部門會
有幫助喔！
資料

拉起天線、四處收集資訊固然很好，但一個人能做到的事情畢竟有限。只要能借用別人的天線，那麼獲得意想不到的資訊的可能性也會大大提升。每個人都有各自的人脈，儘管彼此是同事，生活中沒有重疊的區塊應該不算小。只要放開心胸、適時妥善地合作，可以期待這些人脈將為自己和未知的新世界，建立起資訊互通的橋梁。

這麼一來，曾被否決的企劃案資料也可以再度派上用場！在知道先前的企劃案不可能有機會敗部復活時，當下就應該這麼做；與其獨占資料，不如融合回收再利用的精神，創造更好的效能。

關鍵 7

一有機會，就把不要的文件清點一下

「一段時間沒有用到的，就當成不要的東西」，如果不貫徹這個想法，就沒有意義了。

一旦有了例外，之後就會出現更多例外，最後又回到混亂的狀態。「這份文件是過了三個月沒錯，不過它比較特別，或許不久之後就會派上用場呢！」如果有人這麼想，其實可以說服自己，萬一真有需要時也是有辦法的。

例如，報章雜誌等新聞媒體都會建構過往報導的資料庫，只要先與該機構確認能否或如何運用他們的資料庫，即可進行查閱；就算對方不對外開放，也可以改往圖書館資料庫借閱或查詢相關資料。只要知道報導時間和刊載的媒體，基本上應該都能查得到相關資訊。

像這樣在心裡架設安全網，就可以下定決心。下定決心之後，再來檢視丟棄的結果吧。應該很少會發生「早知道就不要丟了」之類的情況才對。

扔掉不要的東西，可以舒緩收納的空間，順便將周遭環境整理乾淨。而所保存的剪報量也會迅速減少，之後要尋找資料也變得格外輕鬆。

養成一想到就清點的習慣

對其他文件或資料，也可以

想到的時候就是「捨棄的時刻」

咦？這份資料已經太舊了，用不上了吧。這份也是……這份也是……
垃圾桶

找比較空閒的時間來「清點」吧！

這麼說。

扔掉過時、已經沒有保存必要的文件資料，其實就像定期的貨品盤點一樣。把內容整個確認過一遍，不要的東西就捨棄，或是轉為「回收再利用」；有必要保存的，就移到適當的場所存放。

只要一想到，就從想到的地方下手即可。

例如，完成一個大型專案，要整理相關文件的時候，會看到文件收納地點附近的其他文件。如果發現「看起來可以丟了」的文件，就大概確認一下內容，隨即將不必要的文件丟棄。

每天進公司後或是下班之前，持續管理、檢查整理系統，馬上就會發現清點的必要性。在「守則三」介紹的適合管理、檢查的時間，像是比較空閒時，或是沒辦法專心工作的時候進行整理就可以了。

從想到的地方著手清點，那麼沉睡的文件就不會變成化石了。

關鍵 8

判斷適不適合丟棄的檢驗重點

一定期間內沒有使用就扔掉

就算決定把不要的東西扔掉了，有時難免仍會感到遲疑。若想要迅速執行，就明確規範檢驗重點吧。

第一個重點，就是一定期間內有沒有使用過。即使是之前常常使用的東西，只要過去一定期間內都沒用到，就該扔掉了。兩個月、三個月、半年之類的，依照這份文件、資料的性質來決定適當的期間，如果一次都沒使用過，就必須動手扔了吧。

市場規劃專家辰巳渚小姐，在她的暢銷著作《丟棄的藝術》（時報出版）中，也提倡「過了一定期間就要扔掉」。

這麼做，可以將手冊、型錄、宣傳單，以及資料、檔案、光碟片、書本、雜誌、信件等整理乾淨。

如果是必需的東西，在某段期間內一定會使用到；要是都沒被取出使用，那就是該扔掉了。

只保留無法再次取得的稀有資料

辰巳小姐另外還舉出「決定一定數量」、「買了新的就把舊的扔掉」等實際的重點作為「丟掉的基準」。

所謂「一定數量」指的就是收納空間的容量，只要一塞滿，就該考慮清點、丟棄了。

「買了新東西之後」這項基準，如果應用在文件上，可以解釋成最新版、修訂版出現之後就把舊版本扔掉的意思。

點。

我的想法則是，在扔棄之後，必要時能否找到相同的東西，也是一個檢驗重點。

譬如之前提到的報章雜誌剪報，需要時還有地方可以查閱。至於廣泛發行的書本、雜誌或型錄等也一樣。

只要知道緊急的時候還可以拿到手，就可以安心丟棄了。

另一方面，如果知道再也沒辦法拿到同一份資料，就證明這份資料具有相當的價值，還是留在手邊比較妥當。

煩惱時就找周邊的人商量

當然，就算具有一定價值的珍貴資料，但自己卻不太可能用得上，還是明快地丟棄比較好。也可以看看有沒有其他人需要，或是想想回收再利用的方式吧。

有些絕版書籍、外國的專業雜誌、從可靠專家手中得到的資料等等，一定會讓人感覺很難放手吧。這時可以詢問對該領域有涉獵的同事或朋友，如果他們有興趣就轉給他們吧。

在難以下決定的時候，跟別人討論也可以成為判斷用的提示，也就是說，其他人怎麼想也是檢驗重點之一。

假設我們得到了一份「挺有趣」的資料，並且認為可以將它活用在將來的企劃案上。可是過了三個月，一直沒使用這份資料；由於已經過了一定期限，便開始煩惱是不是該把它扔掉。

此時不妨跟自己信賴的同事聊聊，像是「這裡有份有趣的資訊，可以給企劃案幫上忙喔」，然後看看對方的反應。

這就是借用第三者的頭腦，從另外一個角度來看事情。有可能話鋒一轉，就產生全新的創意！要是這樣，就馬上花時間著手進行企劃案吧。

熟知業界情報、對新資訊很敏感的同事，或許已經著手進行一樣的企劃案呢。

只要有可靠又能商量的對象，在這種時刻就放心多了。

決定丟棄的基準

經過一定期間就扔掉。
6月
1
拿到最新版本就扔掉。
扔
收納空間滿了就扔掉。
在扔棄之後，如有必要，還能夠再次拿到手嗎？
yes
垃圾桶
No
保存起來

煩惱要不要丟的時候……

怎麼辦呢？
妳以後用得到這份資料嗎？
就是那個！我用得到！

跟相關人士商量看看。

關鍵9

拋開「資訊越多越好」的迷思

最後，我們一起針對難以捨棄的心理因素，也就是「資訊越多越好」這個迷思來思考一下。

一般人認為，只要收集越多資訊，就越能作為在商場上生存的武器，不過這只是一種幻想罷了。

在這個資訊化時代中，真正發揮力量的只有高品質的資訊而已。沒什麼新鮮感，又不具貴重價值的資訊，不管收集多少都幫不上忙。

目前的情況是，從各式各樣的媒體不停湧出大量的資訊，看來就像是不停煽動一種「想要更多」的欲望。

就算是一點點小訊息，或是不怎麼可靠的資訊，只是提出的方法有其魅力，人類本性就是會把這種資訊照單全收。

沒辦法在工作上派上用場，也不能提高自己的見識，這種片段資訊收集得再多，也無法滿足燃起的欲望。

就像買再多名牌商品也無法滿足的人一樣，最後只是陷入無止盡的資訊追求當中。

資訊越多，使用越困難

一旦被自己的欲望要得團團轉，就很難達成提高工作產能的

要具有慎選資訊的眼光

資訊要整理到能夠使用比較重要。

資訊管理了。

首先應該重新檢討自己的內心，捨棄「越多越好」的迷思，才是先決要件。印刷在紙張上、肉眼看得到的資訊就算增加了，要是無法實際運用的話，根本沒有意義。

不要為了數量增加而高興，要自己動手整理，保持能夠使用的狀態，並從中得到自信與滿足才是上策。

資訊的質比量重要，實際派上用場才能對自己產生價值，這點一定要銘記在心。因為這麼一來就能提高工作效率，並且實踐讓自己舒適的整理術了。

守則

5

整頓腦中資訊的整理術

效率不彰、工作不順、經常犯些小過失的人……

你們的辦公桌附近是不是有著「文件小山丘」呢？

頭腦混沌不清，工作整理不出頭緒的話，

周遭也會跟著一片混亂。

「守則5」這一章要介紹的就是整理腦袋的祕訣。

關鍵 1

只要意識到優先順位，周圍就會整理乾淨

桌面雜亂是「無能職員」的象徵

能夠提高產能的「守則五」，就是指「整頓腦中的資訊」。只要腦袋思緒井然有序，就能妥善管理工作環境或自己的東西，完成高效率、高品質的工作。

如果腦中一片混亂，就容易犯下平常絕對不會犯的錯，或是把重要的文件收到難以想像的地方，最後四處都找不到，煩惱得要命。大家應該都有過這樣的經驗。

或者是被工作追著跑，造成精神不穩定，周遭環境也會因而雜亂起來。結果桌上的文件堆積如山，紙張也從半開的抽屜裡四處散落。同時進行的專案文件混在一起，想要找到需要的東西也變得困難。

不擅長整理的人，應該曾被正經八百的上司罵過：「就是腦袋沒有好好整理，才會弄得亂七八糟！」

經常嚴格要求秩序的人，是非常討厭混亂的。看到桌面沒有整理好，就會認為這個人「沒在用腦袋」、「所以工作做不好」；而要是無法馬上回答問題，就會認為這個人「腦袋裡沒整理乾淨」、「所以桌子也整理不乾淨」。

一旦日常生活中給人這樣的印象，那麼只要犯點小錯，馬上會給人壞印象。日積月累下來，自然就被貼上「無能之人」的標籤。

在腦中建立優先順位

想要避免這種情況，唯有整頓周遭環境，並整理腦中思緒才行了。

所謂整理腦袋的內容，可以說占了思考活動中相當大的一部分，也是產生創造力的基礎。當輸入新資訊之後，就依照思考邏輯安置在適當場所，保持一定的秩序。這麼一來，要輸出資訊時也就簡單多了。

就整理這點來說，在腦中建立優先順位是一個重要的關鍵。只有在整體的秩序中適當分類資訊，並在相關事項中做出正確定位，才能夠找出優先順位。

如果不管在什麼情況下都能馬上做到這點，工作就能迎刃而解，周遭環境也會整齊清潔。因為你以寬闊的視野，判斷當下應該以什麼事情為第一優先，並且自己主動推展事務。

一旦搞錯了優先順位，就無法在適當的時機做該做的事情，而成為整體秩序瓦解的導火線。例如有A和B兩件工作，要從哪一件開始著手；送來的文件要現在處理還是延後處理，全都跟優先順位的決定方式有關。

如果老是被眼前的事情分心，無法放眼全局，把最優先的事項定位在不重要的地方，就無法維持整理系統的正常運作。

思考從哪裡開始下手

不知道
要從哪
裡開始啦！
Help

桌面不整齊
＝
沒有用腦袋
所以工作做不好！

文件和檔案凌亂不堪，會給人負面印象。
想要改善的話……

打電話給B公司
報價
與A公司洽談
整理資料
與課長討論
製作企劃書
今天該做的工作！
① 打電話給B公司
② 收集資訊
③ 製作企劃書

只要整頓好腦中思緒，就會發現要進行工作的優先順序！

迅速俐落

工作進行得迅速俐落，桌面也乾淨整潔！

關鍵 2

到手的資訊要確實記在腦子裡

我們首先來想一想，新到手的資訊應該怎麼處理呢？

假設我們在上班前先看看早報，看到跟客戶有關的報導。因為怕忘記而當場剪下來做成剪報，但這樣做還不夠，應該用信封袋來管理剪報；要是公司有信封袋的話，一到公司就得馬上裝入信封袋中。

至於腦袋裡的資訊整理，可以利用上班通勤途中回憶報導內容，想想與客戶連上關係的資訊活用法。

假設「如果……的話」，在腦中描繪活用資訊的話，確立相關性，是非常重要的。甚至還可以想想對那位客戶以外的工作有沒有幫助。

坐上公司的辦公桌之後，就理所當然地從公事包裡拿出剪報，放入信封袋收好。

像這樣，在家裡第一次看到時就熟讀，通勤的時候回憶一下，然後一到公司就分類到適當場所，經過這樣的流程就可以固定記憶了。

只看過一次的話，可能在不知不覺間就忘記了，但如果反覆思考兩次、三次，就會降低遺忘的機率。

這時候整理出重點，更能提高、強化記憶的效果。

如果是報紙的報導，就確認一下最關鍵的重點。

而這個重點並不一定要和報導的重點一致。掌握報導的一般解釋當然很重要，但也要考慮自己最容易了解的解釋。

因為自己有興趣的重點或對工作有幫助的重點，有時候跟一般情況會有出入。

用5W1H的方式牢記新資訊

看過的報導或聽過的話一下子就忘記，有這種傾向的人，可以試著找出最關鍵的重點，然後在重點上面附加基本資料來幫助記憶。

假設現在看到一篇報導，是「電機大廠A公司，發表了一款能幫人類做任何家事的次世代型機器人」的新聞。

這時候你自己感興趣的重點，如果是讓機器人能夠進行打掃的科技內容，那就把記憶的重點放在這裡。

此外要在腦袋裡面記住「誰、何時、哪裡、什麼、為什麼、怎麼樣」等基本資料，也就是所謂的「5W1H」（Who When Where What Why How）。只要記住這些，在傳達給別人的時候就可以清楚簡單地說明了。

剪下報紙之後，容易讓人覺得「不用記住細節，只要有這個就沒問題了」。然而過度依賴紙張是很危險的，因為很可能讓你無法活用資訊。

只有在腦中空出位置來整理剪報，才能活用資訊。

關鍵3

靠著與人對話來整理腦中的資訊

想要強化記憶，在腦中預先整理，那麼跟人對話也是很有用的。

在音響製造廠工作的F先生，每次只要看到有興趣的報導，就會想跟妻子討論報導的內容。如果是專業雜誌，身為門外漢的妻子當然有很多內容聽不懂，但是長久以來耳濡目染，她已經是個很好的傾聽者了。

有時F先生看妻子對太過艱深的話題沒有任何反應，覺得她是左耳進右耳出的時候，妻子卻往往會丟出一個正中紅心的問題。聽說對於專家認為是「常識」的事情，一般人反而會問「為什麼」，由此為商品開發找到靈感。

想跟別人交談，就不得不把剛裝進腦袋裡的資訊整理一次。如果沒整理，腦袋一片混亂，交談的時候語句就會支離破碎，也就無法傳達內容了。所以要說話的時候，自然會整理腦中思緒並進行摘要。在這段過程中，也就更容易留下印象了。

彙整創意以便隨時運用

其實不必當個深諳對方專業領域的人。有時候正因為不是專家，才能發表新穎的看法。如果身邊有這樣的人，那他一定能以知識豐富的消費者身分發言，絕對非常有用。

當然我們也可以找可靠的同事聊天。一邊整理腦中的內容，一邊

不想忘記的事情就要對別人說

把內容傳達給別人，可以整理腦中思緒，加深印象。

分享新資訊，一定能讓工作更順利。

從收集到的資訊中發現新企劃案的創意時，尤其要在一開始的階段先好好整理，維持在隨時可用的狀態，才是最重要的。把內容整理好，加深印象，想想「好像也有這種用法」來刺激想像力，並將能夠當成資料使用的報導分類到適當場所。

跟別人說話，也可以成為激發新創意的契機。從對方的反應、疑問或創意得到提示，喚醒沉睡在腦中的資訊，把兩者結合起來，有時可以激發出想像不到的好點子。

這種時候只要桌子周圍整理得很乾淨，就可以馬上拿出要用的文件，並著手進行企劃案的製作了。

關鍵4

不能忘記的資訊就要做視覺化記憶

整理文件、資料的訣竅

想要幫助整理腦中思緒與周遭環境，可以試試視覺化記憶的方法。尤其針對經常要找東西或是健忘的人，我特別推薦這種方法。

例如上司交給我們一份資料，跟我們正在進行的專案有關。這時候在上司面前大致看過一遍，並且道謝之後，如果直接隨便放在一個空著的地方，有可能不知何時就下落不明了。

因此，首先要好好注意封面第一頁，把整體的印象烙印在腦袋中，像是顏色、文字排列、標題等等，掌握這份文件的外觀來加以記憶。

接著大致看過內容，掌握重點，為了強化關聯性，在記憶重點的時候，不時回頭看看封面也很有幫助。

然後把文件收到相關文件的收藏處。

在這個時間點上，也可以將這份有封面的資料被收到資料夾裡的情景揣想一遍，再次加深印象。

只要停一下動作，仔細看著這個畫面，整理完之後再閉起眼睛回想就好了。

再來，在當天下班前的管理、檢查時間，只要再想想那張封面在什麼地方，當作新得到的資訊，就更有助於加深印象了。

試著想像工作的流程

或許這個方法看起來很麻煩，但實際上幾乎是不花時間與工夫的。瞬間集中精神，把注意力放在視覺影像上，閉起眼睛想像就可以了。

習慣之後，就算不特別花心思，也可以完成這道程序。

只要這麼做，就可以掌握又得到什麼新資訊，以及新資訊的存放位置，於是腦中思緒與周遭環境都會井然有序。

一邊進行工作，一邊很自然地想到「啊，那份資訊可以用在這裡」，就可以馬上取出來運用。

如果拿到的東西，忘了會很麻煩，或是很怕會忘記的東西，就試著用視覺來記憶吧，也就是要同時想起外觀與收藏的地點。

這種動作在思考工作流程的時候也很有幫助。

例如從外出地點回來的路上，就一邊思考「回到公司之後，就從那裡拿出那份文件，再把那裡整理一下吧……」，一邊想像那個情境，這麼一來實際工作時也會更容易進行。

想把「資訊」烙印在腦袋中的話……

仔細凝視封面或第一頁。
30歲
族群的
意見調查
睡眠時間
30歲
將顏色、文字排列、
標題等等做視覺化記憶。
收入資料夾時，
稍微停下動作，仔細注視。
File!
想起整理時的情景。
下班的時候，
回想封面與存放位置。

掌握得到的資訊和存放位置，
腦中思緒與周遭環境都將井然有序！

關鍵 5

腦袋混亂無序，就寫成文字來整理大腦資訊

就算花心思來分類新資訊，努力維持整理系統，還是會有工作不順利，或是發生意想不到的麻煩時，腦袋很容易陷入一片混亂。想要讓頭腦恢復有秩序的狀態，可以嘗試將煩惱寫成文字，其實是很有效的。

擔任律師的高井伸夫先生，在其著作《早上十點以前搞定工作》（商周出版）一書中，曾描述他與法律事務所的職員開會時，都會要求職員準備約一兩張Ａ４紙的會議大綱。所有職員一邊看會議大綱，一邊討論，就可以大幅縮短開會時間。

製作會議大綱，不僅可以提高效率，還能幫助整理腦中思緒。集合各式各樣的要素，把狀況簡單摘要下來，就可以掌握整體印象，明確了解問題所在。再次思考在許多要素裡面什麼最重要，也可以發現應該採取什麼樣的對策。

這個方法不只可以用在向上司報告的會議大綱，也能用來打破混亂的現狀。

推薦能夠了解問題所在的「ＫＪ法」

另外，也可以試試日本文化人類學者川喜多二郎（Kawakita Jirou）所提出的「ＫＪ法」。這是以他的姓名縮寫所命名的「創造性問題解決法」，要準備的物品是卡片。

首先想想造成腦袋混亂的原

用「KJ法」來整理腦中思緒

電腦問題
契約書不完整
不成功的會議

將腦中煩悶的事情寫在卡片上。

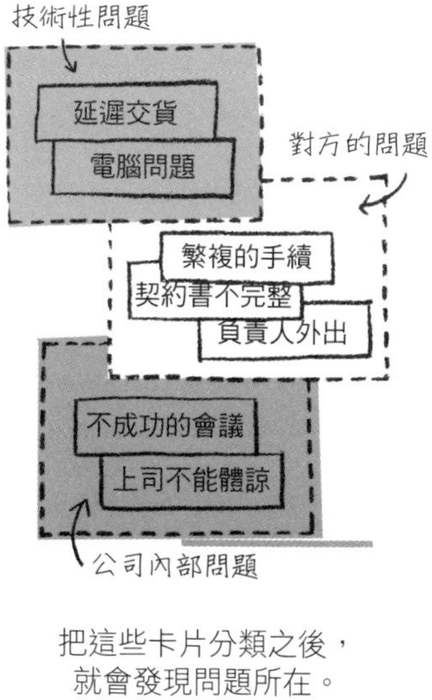
技術性問題
延遲交貨
電腦問題
對方的問題
繁複的手續
契約書不完整
負責人外出
不成功的會議
上司不能體諒
公司內部問題

把這些卡片分類之後，
就會發現問題所在。

因，逐一寫在卡片上。盡量想得具體一些，不管有幾個都要寫出來。

接著把這些卡片分類並且分組，將類似的原因整理在一起，這麼一來會出現好幾個組別。

再把各組看過一次，進行分析，就可以發現問題所在。之後只要思考因應方式或解決策略就可以了。

動手寫字對於整理思緒有很大的效果。準備卡片、寫字、分組等等工作，可以幫助人們在混亂的思緒中找到一條出路。

除了備忘錄之外不常動手寫字的人，這時候最好不要用電腦輸入，還是動手寫比較好，因為把項目分類，或是畫箭頭顯示解決的方案，還是以手寫比較方便。

關鍵 6

利用通勤時間管理腦中資訊

搭乘捷運或公車上班的時間，正好用來管理腦中的資訊。尤其是早上的通勤時間，很適合作為促進一天工作的助跑時間。

坐車通勤的人，要不要準備備忘錄，幫腦袋熱機一下呢？之前提過，在車上回想在家看過的早報內容，促進資訊定位與加深記憶的方法。這時候如果寫寫備忘錄，就可以記下自己想到的好點子。不一定使用紙和筆，運用手機、iPad、筆電等3C用品也可以。除了利用備忘錄功能之外，也可以電子郵件方式傳到公司的個人電腦裡。

而且這段時間不僅能思考新資訊，也很適合整理當天工作的步驟。像「守則三」章節中所提到的，在前一天下班之前想好隔天的預定行程，而在當天早上再次回想這個行程，並反覆檢查。把前一天製作的清單放進公事包裡面，可以實際過目清單，驗證內容，想想是不是漏了什麼，或者需不需要變更。

通勤時間不太可靠……

在白天的通勤時間，頭腦應該已處在完全的備戰狀態，所以很適合作為閱讀文件或資料的寶貴時間。

但這裡有一點一定要注意，就是別把這段時間當成一定可以

有效運用通勤時間的訣竅

閱讀文件、資料，在腦中預先演練工作流程。

整理新資訊或再次確認一天的行程。

使用的時間；尤其把通勤當成見面約會的準備時間是最危險的。因為車廂內有可能太過擁擠而無法閱讀文件，或是發生意外而誤點，讓人緊張且無法集中精神。

就算早早出門輕鬆上班，也要把事前準備做好才行。對於約好第一次拜訪的公司，千萬不能在還未了解對方資訊的情況下就出發了。

所以通勤時間，最好還是用來複習事先獲得的資訊，或是談話方式的重複驗證、腦中演練等等。

如此一來，通勤時間就有很多用途了。

只要先在腦中整理過，一坐進辦公室就能馬上拿出需要的東西，進入工作狀態；而在與他人碰面談事情時，也可以隨手拿出文件進行交談了。

關鍵 7

用來提高工作創意的檢查清單

當腦中思緒難以整理的時候，通常會想從邏輯分類或定位開始，推進到有秩序的狀態，卻無法更進一步。因為這只不過是基礎，從這裡開始還需要更深入的作業。有時候分類或定位的意義會大幅改變，而不得不彈性應對。

例如，得到了有關水果的新資訊，然後把它定位在食物分類。但水果也有食物以外的用途；水果的成分，也可以使用在化妝品或芳香劑上面。

不能彈性因應這種新的關聯性，腦中就無法整理乾淨，也沒辦法將資料分隔在適當場所。此外，如果自己不主動去尋找新的關聯，就沒辦法完全活用新的資訊了。

若不能把腦中的整理，跟高度創作性的工作連上關係，那麼就失去了整理的意義。在整理的同時讓思緒奔馳，也是很重要的。

即使是在通勤時間中，也希望能盡量把思緒推進到發想出新點子的階段。

讓創意更豐富的檢核表

拘泥於常識或習慣而難以創新的人，可以參考一下A．F．奧斯朋（A.F. Osborn）的檢核表。檢核的項目如下所列：

①轉用　②應用　③變更　④擴大

A. F. 奧斯朋的檢核表

①轉用
②應用
③變更
④擴大
⑤縮小
⑥代替
⑦交換
⑧顛倒
⑨組合

只要注意這九個項目，
就可以讓想像力更豐富！

⑤縮小 ⑥代替 ⑦交換 ⑧顛倒 ⑨組合

也就是想想看「能不能轉用到其他目的」、「能否應用這樣東西」、「可否變換設計」、「擴大之後會怎麼樣」之類的創意法。

碰到自己感興趣的資訊時，要在以往的秩序中幫資訊定位，加深印象；同時也要以此為線索，思考有沒有新的活用法。

把這九個檢核項目寫下來，隨身攜帶，在坐車通勤時適時運用也很有助益。

守則

6

彙整資訊以激發創意的整理術

好不容易得到資訊，卻記不住或是不懂運用的人，

沒辦法從資訊中產生創意的人……

如果無法整理資訊，就無法活用寶貴的材料。

請務必培養「守則6」的習慣，

學會活化創意的祕訣吧。

關鍵1

預先整理材料，凝聚創意更簡單

「整理」這個詞，可以解釋成把混亂狀態處理得乾淨整齊，但是在工作上，卻有著更深一層的意思。

那就是提高工作產能，達成更具創造性的活動。

桌面文件散亂的人心中，總有著厭惡整理的傾向。

「老是整理得乾乾淨淨，安靜地工作，是聽話又正經的人才會做的事。這樣是不能成大事，也不能做有趣的事情的。」總是這麼認為的人，自以為是革新，好像能夠從混亂之中產生新意。

確實，我們可以舉出幾個藝術家或作家，他們的工作室或書房真的亂得不像話。

但這不過是個人的風格堅持罷了，並不代表什麼東西都亂丟一通就好。就算是被稱為大師的人，要是找不到想用的東西，應該也會火冒三丈吧。

建構整理系統才能完成獨創性的工作。這時就要捨棄「擅長整理的人只會依慣例處理交辦的工作，是聽話的好員工」之類的想法。這種刻板觀念只會妨礙你更舒適地工作而已。

重要的是，至少要掌握東西放在哪裡、取用方便才行。

「整理」對激發創意很重要

想從得手的資訊中創造出什麼，一個井然有序的狀態可以讓過程更簡單。像是凝聚新專案的點子、製作企劃書、準備提案等等，以往累積的資訊就可以發揮作用了。

這時，資訊就會變成材料，而材料當然要加工才能做成某些東西。只是把剪報拿給上司看，說「這個很有趣吧」，那是毫無幫助的。必須靠自己從這份資訊來發揮創意，並加工處理過才行。像是把某些資料與新技術結合，做出新產品的提案；或是以社會現象為背景，想出劃時代的活動等等。

我們應該把整理術當成與加工工程直接連接的技術。不管手上有多少素材，如果不能整理成馬上能夠使用的狀態，那也只是把寶物放著蒙塵而已。

只知道這樣東西應該在哪裡，是很難去活用它的。每天進行管理、檢查，並且整理腦中思緒，經常掌握文件、資訊的存放位置，就能拓寬進入加工階段的途徑。

所謂「彙整資訊以激發創意」，就是有效且實際整理術中的第六條守則。

關鍵 2

管理、保存創意的「索引卡方式」

有人會使用稍微厚一點的小卡片記下創意點子，並集中存放。這方法不是把卡片收在相關工作的檔案夾裡，也不是做個新的檔案夾，而是全部放到盒子裡面收好。

有厚度的小卡片比較堅固，適合長期保存；而且一張張很容易分開抽取，方便使用。將小卡片放在尺寸相符的盒子裡一字排開，看起來就像圖書館的分類索引卡一樣，只要放在盒子裡就能一邊翻，一邊確認內容了。

學者W先生就很愛使用這種方式，經常將卡片帶著走。當然他也是將卡片保存在盒子裡，不過會以標題的第一個字母來排序。

註記的時候，先把開頭部分空下來，然後想到什麼就寫什麼。等他回到研究室之後，再用粗麥克筆寫上大大的標題，再收放到盒子裡面。可以用日文的あいうえお排序，或是用英文字母A到Z排序；新寫上的卡片就用「あ」或「A」等等，放在類別中最前面的部分。就算卡片有相同的主題，他也不會在找卡片時保持順序。據說要維持這兩個順序太花時間了，所以作罷。

或許有人認為，光靠這樣就能活用創意嗎？據說雖然機率不高，但偶爾還是能活用這些卡片。「我好像想過這一點。」只要有這種程度的記憶，那麼不必

創意註記完成後的整理法

例如依日文あいうえお，或英文字母A到Z來排序。

花多少時間，就可以找出那張卡片了。

創意的主詞和敘述要具體明確

對於不習慣為創意註記、或是不擅長做筆記的人，在此介紹擔任獨立顧問工作的本田尚也先生的「本田式筆記術」。

首先，文字要使用日文基本的片假名（編按：台灣讀者可以用注音符號取代），因為比寫漢字要快。

然後用「守則五」關鍵2所說的「5W1H」方式來整理。尤其要注意主詞和敘述，寫成「什麼東西怎麼樣」的形式。

使用片假名記錄的簡要筆記，在通勤途中也很方便。由於不會花太多時間，對於在會晤、談話或會議中做備忘錄時也很有幫助。

關鍵 3

獲得資訊時馬上記錄保存

感興趣的資訊一定做筆記

對自己有用的資訊，並不一定是轟動社會的大新聞。許多不受關注的短篇新聞報導，或是看來瑣碎的普通說明，也可能暗藏商機。熱門商品出現的契機，可能是來自一般消費者的心聲，也可能是發掘出同業完全沒注意的需求，像這種業績提升的成功經驗可說是數也數不完。

就算是一點小線索，也要拉長資訊的天線，積極收集，適當分類來進行管理。許多小資訊加上創意轉換，就可能產生劃時代的創意。例如日本通勤電車裡面的吊掛廣告，有很多人會慣常巡視一下，就是因為裡面包含許多可以了解世界動態或意外話題的小提示。

看見自己有興趣的資訊時，就應該馬上做筆記。如果是雜誌的廣告，就先把內容看過一遍加以確認，只要是可以立刻運用的資訊，就更深入調查，了解這個報導的背景。

逛書店尋找、堆疊新創意

逛書店的時候，也是一樣的道理。

有很多人進到書店，除了預定要逛的東西，還會把整個書店樓層都逛過一遍，看看有沒有什麼新書。眼光若停留在某本書上，通常會拿起來隨手翻看裡面是什麼內容。

如果買了這本書，就能進行該做的處理；但如果不能買，又該怎麼辦呢？

沒有把書本內容寫下來，就不太可能實際活用在工作上。因此一走出書店，就應該馬上做筆記，並將筆記保存起來。

研究能力開發的醫學博士齊藤英治先生，據說每個月會在書店速讀三十本以上的書。他大概每十五分鐘讀一本，而且一走出書店就做筆記。這麼做是為了擴大知識範圍，不侷限在特定領域中。

當然他熟讀的書本也很多，但速讀三十本書所獲得的資訊，可以激發相當多的創意。

之後他把想到的點子整理成一千兩百字左右的文章，再把這些文章建立成資料庫，相當於一年可以製作兩本書左右的原稿，數量非常龐大。

齊藤先生不光是「稍微站著看一下」，而是做筆記加以整理，他以這些新創意與速讀法為基礎，完成了許多的著作。

不管是車內廣告或書店，只要捕捉到新資訊，就把它們記錄起來吧。就算只是資訊的片段，若以能夠活用的狀態來累積，也會成為創造新東西的素材。

把周邊資訊轉換成創意的訣竅

電車的吊掛廣告

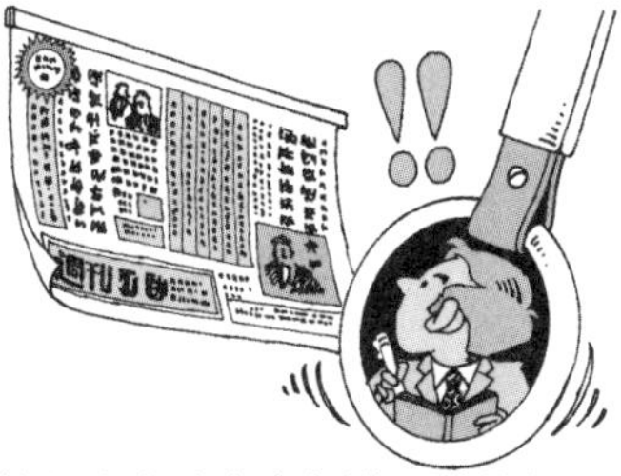

值得注意的廣告報導要做筆記。

實際仔細閱讀。

看起來可以運用的話，就進一步研究。

書店

瀏覽正在販售的書籍。

隨手翻閱。

沒辦法買的時候，一走出書店就做筆記。

產生新創意了！

關鍵4 用來活用創意的筆記整理法

隨身攜帶便條紙

除了自己找到的資訊外，把想到的創意寫下來也很重要。如果靈感來時沒有寫下來，就會消失得無影無蹤。不管是在搭車或走路時，只要一有靈感，就要馬上做筆記。

之後，這種筆記也要跟新到手的資訊一樣，俐落地加以分類。使用之前所介紹的整理「守則二」就可以了。

若是把備忘的筆記放在口袋或公事包裡，最後不是消失蹤影，就是根本忘記它的存在，所以最好把筆記資料依目的之不同移往保管場所，或是抄寫到筆記本上。

因此必須準備便條紙，以便隨時都能做筆記。至於要用來做什麼，就依個人興趣與主要目的來決定吧。

創意點子要保管在適當場所

很多人愛用附有黏膠的便利貼，這是一種可撕可貼、像便條紙大小的產品。尤其在擬定雜誌或書本的企劃，或是在濃縮內容的階段，我也常常使用這種便利貼。決定一個主題之後，即使不特別針對這個主題做思考，腦中也會不時浮現新觀點或是切入點。只要主題進入腦中某個部分，就會在某個機會下跟其他資訊結合了。

這種時候，可以做個備忘，貼在工作用的記事本上。如果在討論這個企劃時寫下備忘要點，通常就會貼在記事本上的企劃案旁邊。

備忘錄要盡量寫在記事本上

另外，籌備期很長的企劃案，或是可以擱置一段時間的企劃案，相關的備忘錄不要老是貼著，應該抄寫到記事本上面。

至於備忘錄的內容則不須照樣抄寫，而是要在抄寫的時候發揮某個程度的創意。藉由抄寫可以整理腦中的思緒，訓練思考能力。

備忘錄不必完整到像要提出的企劃案一樣，由於可能會追加新的要素，或是突然需要變更，太過完整反而會降低效率。

長期保存便利貼的方法

便利貼的優點在於可以到處黏貼，缺點則是難以保存。如果馬上要使用，可以把便利貼貼回去再整理起來，但不適合長期保存。就算放進相關文件的檔案夾裡

聰明的便利貼活用法

●到處都準備了便利貼

無論何時何地，靈光一閃就可以做筆記。

●便利貼的保存法

配合目的收在保管場所中。

貼在A4紙張上，收進透明文件夾裡面，就可以長期保存。

●有時間的話……

增加備忘錄內容，抄寫到記事本上。

面，在拿出其他文件的時候不是很礙事，就是會把便利貼弄皺。

最簡單的保存方法，是貼在Ａ４大小的紙張上面。新企劃案的點子，只要貼在Ａ４紙上後裝進透明文件夾裡，很容易便能看到內容。

關鍵 5

腦袋卡卡時就檢查一下整理系統

整理抽屜、書架可刺激大腦

不管是誰應該都有這種經驗，有時候明明想把創意提升到企劃案的雛形，卻停滯不前，怎麼樣都沒有進展。

有人說這時可以出去散步，因為走路時腦袋受到晃動，好點子也會因此浮現；不過我在這裡要推薦的是檢查整理系統。

在「守則三」我們提到「提不起勁時，不妨整理一下周遭環境」；而思考停頓的時候，其實也很適合做整理。

一旦覺得眼前出現一面巨大的牆，可以慢慢拉開桌子的抽屜，試著把抽屜內部整理得整整齊齊。或是看看標籤，確認一下檔案有沒有依照好拿的順序排列，或是有無放錯地方的檔案夾。要是有紙張跑出來，就拿出來放好。

接著走到檔案櫃或書架、跟同事共用的資料排放處，進行一樣的檢查。

這個區域會有其他人使用過，也許會發現很多需重新整理的地方。依序整理，看到不要的東西就丟掉吧。

當然，在執行整理工作的時候，仍要把思考主題放在腦中，但不要只注意跟主題有關的資料。大範圍地看過手上所有材料，等到新的靈感出現才是上策。

儘管腦袋沒有受到晃動，動手整理也能刺激大腦。此外，看著標籤上面的標題，也可以喚醒其他領域的資訊。這麼一來，就期待能跟思考主題連結，產生全新創意的效果。

當你看著檔案的標題，覺得好像想到什麼，就應該拿起檔案把內容看過一遍。

如果以腦中繫念著思考主題的觀點來閱覽文件，或許可以看見以往沒注意到的地方。

邊整理邊訓練想像力

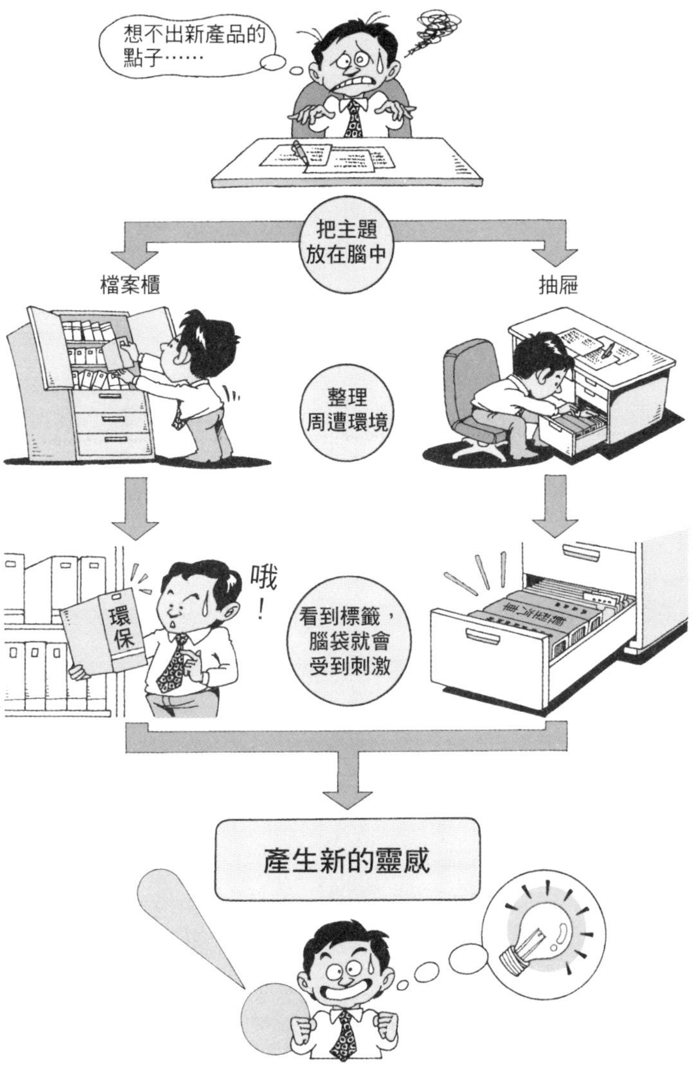

找人說話來感受新刺激

有些人思考停滯的時候，就想找人說話。

作家O先生會先從通訊錄找個適當人選，然後打電話給對方。聽說他只要看看通訊錄裡面的人名或寫在裡面的資訊，就會浮現有趣的聯想，甚至不用打電話也可以。

一旦與人對話，就會受到新的刺激。不只是對方對這個話題的意見或感想，連對方的音調、對事物的說法，甚至用字遣詞等等，都不可能跟自己完全一樣。這些全都是對大腦的刺激，也可能成為掌握自己所追求的目標的契機。

打電話這件事也可以強化人脈，容易獲得各種資訊，有助於建立容易管理的狀態。就資訊管理的觀點來看，也是一個有所助益的方法。

關鍵 6

找不到的資料，要重新思考它的重要性

想要順利又快速地加工材料，維持整理系統正常運作是不可或缺的；即使如此，偶爾還是會有找不到的東西。

沒有人是完美的；就算大家公認這個人完美，也一定會有其缺點。因此，即便被視為完美的整理系統，找起東西來肯定還有某些不順暢的地方。想要追求完美，反而會為了現實上的隔閡而煩惱，結果喪失鬥志。

發現問題點之後，盡力修正就好。重要的是就算出錯，也不要一直拖延下去。

「那時候應該有留下一些資料」、「我記得這裡有個夾著剪報的檔案夾」……當我們這麼想著而要取出文件、資料時，卻發現東西不在那裡。這時候不要東翻西找，而是放在抽屜的就限定在抽屜，放在書架的就限定在書架……在那樣東西應該被放置的地方附近尋找。

如果這樣還是找不到，再到其他地方尋找之前就應該思考：你要找的東西到底有多重要呢？

設定找尋時間的極限

好比說，即使我們認為這樣東西是說明企劃案主旨所不可或缺的，有時候也可以用別的方法弄到手。同事若有相同的資料，用借的可能還比較快。

如果只是看一下做參考，不妨思考是否真的有必要。很多時候，

找東西時的重點

好，就找個十分鐘吧！

對找尋時間設限。

與其繼續找下去，不如想想能不能從其他地方弄到手！

時限到了還是找不到，就要放棄。

其實只要腦袋裡面有那樣東西就夠了。

把搜索範圍擴大到整個整理系統的話，會花費很多時間。將投入的時間以及物品的重要性放在一起思考後，必須在適當的地方畫上停損點。

要是找了一小時，最後卻沒有用上，那就太不划算了。所以在擴大尋找範圍之前，就應該判斷最後時限。若決定再找十分鐘，十分鐘後還找不到就要放棄。

此外，想要長期不讓自己覺得「每天做檢查也幫不上忙」，是有訣竅的。一旦認為「結果還是沒幫助」，就會成為偷懶不去管理的主因，也會造成辛苦建立的整理系統瓦解。

所以平時就要告訴自己，能夠快樂地工作全是因為有好好整理的關係，再次回想整理的正面效果。只要去注意光明面，就不會過度在意偶爾發生的小問題了。

守則

7

善用電腦歸納分類檔案的整理術

運用電腦保存、管理大量資料是很方便的。

儘管如此，還是有人手邊的影印回收紙不停增加、

每天煩惱著怎麼處理大量電子郵件、

無法靈活運用網際網路資訊……

只要養成「守則7」的整理習慣，

就能成為彙整電腦資訊的高手了。

關鍵
1

不要把電腦變成「增加紙張的工具」

在現代社會裡，無論你對電腦操作拿不拿手，只要工作職場有需要，還是得盡力學習使用。現今人們所追求的已經不是「能不能順利使用」而已，大家在意的應是「能夠擅長到什麼程度」。

已經進入高手階段的人，經常搜尋獲取最新資訊，建立個人運作的風格，因此這裡主要針對一般初學使用者，從他們的立場來思考有關電腦的整理術。

最重要的一點，就是「不要把電腦變成增加紙張的工具」。其實有很多人使用電腦之後，紙張不僅沒有減少，反而還增加得更快。

例如用網路搜尋資訊時，為了保險起見，只要看到相關的網頁就會列印出來。就算只有一行參考資料也要列印留存的話，紙張當然會有增無減。

練習透過螢幕推敲或校正電子檔案

也常常聽人說，總覺得電腦螢幕上的文章不是正式文書，所以很難記憶。一樣的文章若是印在紙張上，就能專心閱讀、思考，但顯示在畫面上就不行。甚至有人覺得電腦螢幕上的文章好像只是草稿，一定要列印出來才有完成的感覺。

因此有人為了不想判斷錯誤，只要是重要案子就一定會列印出來。

之前我為了熟悉紙張與電腦螢幕之間的文字隔閡，也花了不少時

適當調控列印的習慣

什麼都要列印，紙張就會堆積如山。

間。最讓我擔心的就是校正了。通常都是閱讀校正稿，才會注意錯字、漏字、文意不通等等錯誤。但是在電腦螢幕上打完字，用電子郵件傳送之前，卻沒辦法看出問題所在。

用拿著紅筆的手逐行檢查印在紙上的文章，果然跟閱覽電腦螢幕上的文字還是有差別。

即使如此，現在還是習慣了不去列印打好的原稿，所以工作場所的紙張也減少了。而打好字之後馬上就能傳送，效率也相對提升。電腦果然還是很方便的工具，但先決條件是要捨棄對紙張的執著，習慣電腦螢幕才行。

不過電腦有時也會故障，造成資料遺失，因此重要資料一定要預先備份。

關鍵 2

電腦檔案要與紙本文件做同樣的分類

不列印出來就不放心？

就算使用電腦，紙本文件還是有增無減的人，請想想看，自己是不是一直在做不必要的列印。

例如用文書處理軟體完成一篇文章，然後以電子郵件傳送完畢，這時候當然沒必要把它列印出來。即使是對方寄來的郵件，看過之後就算處理完成，特地列印出來也只是徒增浪費而已。

然而，也有人唯恐會弄亂紙本的整理系統。他們認為就是要列印成紙本，跟其他相關文件一起放進檔案夾，否則就無法掌握整體情況。像是工作進行狀況的紀錄，或是與對方往來的紀錄，都要全部收進檔案夾才算有意義。

確實，把相關文件整合起來是整理術的重點之一。尤其是長年以來都這麼做的情況下，突然進入電腦資料內容與紙張檔案分開的狀態，難免會感到不安；它們原本應該是一捆的文件，分別放在辦公桌抽屜和另一個房間的書架上。

電腦是辦公桌抽屜的延伸

像這樣感到不安的時候，把電腦檔案跟紙本文件做一樣的整理，也是一個好方法。降低對電腦的心理障礙之後，就不會覺得它是其他房間的書架，而是辦公桌抽屜的延伸。實際上，以收納的場所來看，無論是容量或使用的方便性，電腦都會比最接近自己的抽屜要優秀許多。

就算不列印成紙張歸檔，也應該大概了解裡面有哪些文件。若是忘記了這是什麼時候送給對方的，或是什麼時候收到的，那就沒辦法工作了。如果不去一一確認紙本文件，只要在腦中做過整理，也可以掌握整體結構。這麼一想，就能接受不列印也沒關係的事實吧。

為了更進一步消除不安，紙本文件的分類法一樣適用在電腦上，也就是讓檔案夾和資料夾的名稱一致，做相同的分類。這麼一來，就可以毫無阻礙地從抽屜到電腦，或是從電腦到抽屜尋找文件。不用切換思考模式，也可以用相同的方法找東西。

如果把文件收到有側背的紙本檔案夾裡面，那麼電腦裡的資料也要做一個名稱相同的資料夾，再把符合的文書檔案歸納到資料夾裡面。對於會電腦基本操作的人來說，建立新資料夾或是移動檔案，應該是很簡單的動作。如果不懂，就請教使用相同軟體的同事吧。

使用資料夾做方便理解的整理

相關文件分置於好幾個透明文件夾的時候，首先要在電腦上建立一個資料夾，鍵入代表大略分類的名稱。像是專案名稱、經手商品名稱等等，使用常用的名稱就好。

接著在這個資料夾裡面建立一些子資料夾，這些子資料夾就相當於透明文件夾等紙本的檔案夾。

每一個子資料夾，要鍵入跟透明文件夾一樣的名稱，裡面分別儲存相對應的檔案。這麼一來，就成了大資料夾裡面，收藏了小分類文件的狀態。

因為檔案跟資料夾很容易搞混，所以在這裡稍微提醒一下，電腦裡面的資料群叫做檔案（file），而收藏許多檔案的叫做資料夾（folder）。

只要製作一份文書，就會自動產生一個檔案，而文件也分別會成為一個個檔案。把這些檔案放入資料夾做分類，就是最基本的整理方法了。

為什麼紙本文件有增無減呢？

全部影印成紙張來整理，只會占空間。

資料夾與文件做相同整理

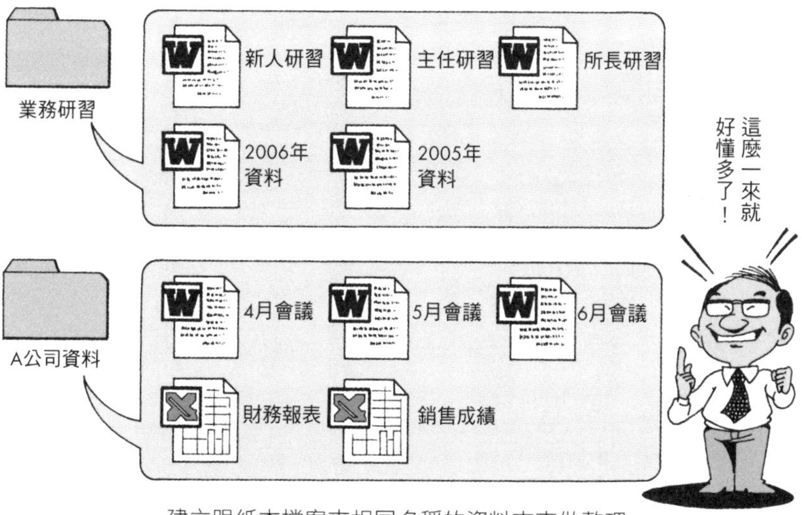

建立跟紙本檔案夾相同名稱的資料夾來做整理。

關鍵 3

為電子文件建立「三種分類系統」

效率提升程序「PEP」的創始者凱利．葛理森，推薦一種能夠同時對應電子檔案與紙張整個整理系統的方法，也就是製作「使用中」、「參考」、「保管」等三個資料夾，把所有檔案收在三個資料夾裡面，然後在裡面做分類。

本書所介紹的整理系統，是把正在進行的工作相關文件放在辦公桌抽屜裡，有必要時會參考的文件則放在檔案櫃或書架上，要保管一定期間的東西則放在專用的空間。在這裡介紹的整理電腦檔案的方法，原理是一樣的，只是在電腦裡面建構這三種分類系統而已。

葛理森的方法，是先把抽屜或檔案櫃裡面的檔案夾名稱列出清單，以便作業可以開始輕鬆進行。接著把和抽屜中檔案夾名稱相同的子資料夾，放入名為「使用中」的資料夾裡面；和檔案櫃的檔案夾名稱相同的子資料夾，放到「參考」資料夾裡面；和保管空間的檔案夾名稱相同的子資料夾，放到「保管」資料夾裡面。

然後把電腦裡面所有文書檔案，移入相對的資料夾裡。這樣紙張與電子檔案的整理系統就一致了。

與紙本資料同樣的程序進行管理

使用這種方法，就必須和紙本

葛理森的檔案分類法

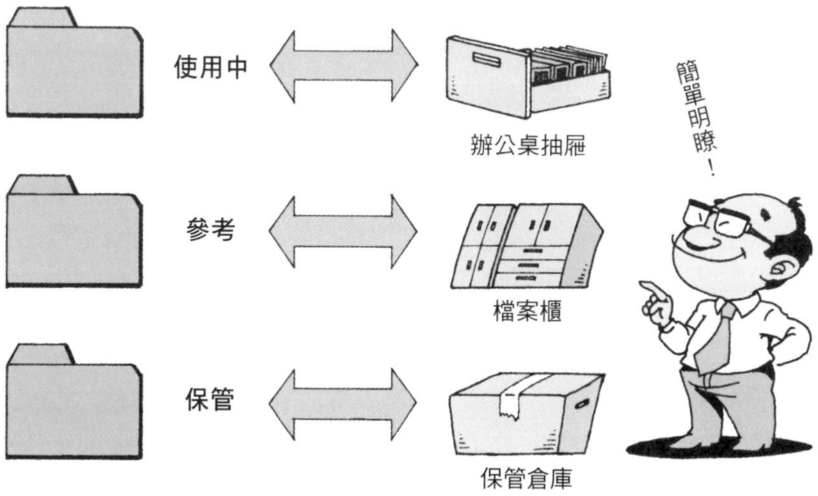
使用中
辦公桌抽屜
參考
檔案櫃
保管
保管倉庫
簡單明瞭！

文件的整理做一樣的維持、管理。完成工作的資料夾，就從「使用中」的資料夾移入其他資料夾。以電腦的特性，應該不用花太大的工夫。

但是對於很容易累積大量資料的人來說，從「使用中」資料夾移動到「保管」資料夾，經過一定時間之後再刪除，或許是有意義的。

如果不必擔心記憶容量，那麼把檔案分類到與紙本檔案夾相同名稱的資料夾裡面，應該沒什麼不方便。若是沒有相當於紙本檔案夾的資料夾，可以建立新資料夾，以群組分類歸到一個大分類裡面去，這麼做比較容易管理。

關鍵 4

建立方便搜尋的檔案名稱

以自己為例，我為每本書或每本雜誌建立一個資料夾，把原稿以章節或報導為單位分別製作成檔案，收集在資料夾裡面。企劃書、媒體意見書等資料，也跟原稿存放在相同的資料夾裡。由於整理要領跟紙本資料一樣，沒有什麼不能適應，使用起來也方便。

生性散漫的人可將資料夾做大略分類，比較容易找到需要的檔案。若檔案數量增加到好幾百件，光是看到一整批檔案符號，可能就沒心情去找了。

資料夾或檔案的名稱取長一點沒關係，但還是以容易尋找為佳。只要以自己的規則來建立資料夾就可以了。用Windows系統中「我的文件夾」等來做一覽顯示的時候，應該有很多人會覺得檔案用名稱排序，總是不照自己所想的來排序吧。

將數字或日期加在檔名前面

檔案名稱是依照所謂ASCII編碼的順序來排序。在日本，第一順位是半形英數，依序下來是日文假名、漢字（依照筆畫），但漢字並不是照讀法來排列的，這時就產生用漢字讀音來找，會找不到放在哪裡的問題。

有人為了解決這類問題，便在

建立資料夾並大致分類

●在檔案命名下工夫
① 在檔案名稱前面加上數字
② 在檔案名稱前面加上日期
③ 在檔案名稱前面加上漢字發音的片假名

圖標過多，找起來就辛苦了。

檔案名稱前面額外加上數字、日期，或是漢字讀音的半形片假名。

數字是由0開始依序排列的，所以在檔案名稱前面加上「001」之類的三位數，就會依照自己想要的順序排列了。

至於日期，重點在於採用「20070505」這樣的要領，配合多位數的數字。輸入檔案建立日期也是一個方法，像是會議文件之類的，也可以使用會議日期等建檔，方便日後搜尋。

隨興懶散的人至少也可以用「貼齊格線」的方法，把檔案排得整齊一點。

另外，要更新既有檔案的時候，應該避免另外建立不必要的新檔案。

有些人在儲存檔案時會選擇「另存新檔」，結果一直產生新檔案出來，這樣會造成混亂。

關鍵
5

善用電腦的搜尋功能找檔案

有人覺得電腦檔案是不需要整理的。因為只要以日期順序來排列，就算檔案數量累積好幾百個，也不會變得不方便。當然這一點是要依據電腦的使用目的或所使用的程式來決定，沒有一定的對錯。

堅持無須整理的一派，主張必要時可使用搜尋功能。這個功能在找檔案的時候很方便，還不知道怎麼使用的人，務必請教他人學習運用。

除了檔案名稱之外，也可以用最後修改的時間來搜尋。限定搜尋的區域會比較快找到所需的檔案。

電腦的搜尋功能之所以好用，是因為可以把檔案名稱當成搜尋條件。例如要搜尋儲存文件中有關於古典相聲的資料時，只要在搜尋欄輸入「古典相聲」等關鍵語詞，就能找到檔名中有相關語詞的檔案了。

又快又方便的桌面搜尋軟體

另外，可以免費下載「桌面搜尋軟體」運用，也是個好方法。它除了搜尋功能比Windows更強大之外，搜尋結果還會更快產生。就算有幾萬個檔案，也可以在幾秒鐘之內，找出含有指定用詞的檔案。

對於從來不整理電子郵件的人，單純以收信時間來排列，之後若想找出某個附加檔案，就必須苦苦念著

超方便有效率的搜尋功能

可以用關鍵字來搜尋電腦檔案。

「到底是哪一封呢」，靠著日期或信件名稱一封一封尋找。

這時若有桌面搜尋軟體，輸入關鍵字，只要幾秒鐘就能找到了。

有些人始終強力主張電腦檔案無須整理，然而對於習慣紙本檔案的人來說，還是做某種程度的分類，感覺會比較安心。

關鍵
6

搜尋彙整工作所需的實用網站

檢查可靠且實用的網站

如果能夠活用網際網路，對於辦公桌周圍環境整理上會帶來相當大的助力。

例如對經常出差的人來說，交通時刻表、路線圖，城市地圖、旅館等住宿處的資訊，都是不可或缺的；尤其需要前往全國各地或國外出差，那麼光是收集各地的時刻表和地方導覽，就會消耗掉很大的收納空間。

而且這類書面資料一旦過時了，就必須購買更新版。若藉由網際網路搜尋，隨時瀏覽交通機關、旅行社、地方觀光單位等資訊網站，就能獲取最新資訊。

此外，像是公司簡介、聯絡人、官方發表的統計資料、行政資料等等，現在透過網際網路都能找到相關網頁參考。應該有很多人會利用網路，事先查詢第一次去跑業務的公司，或是進行會議資料的準備吧。

至於查詢各行各業專有名詞、轉譯各國語言之類，使用網際網路也超方便。有時準備進入至今從未接觸過的產業領域，或是被上司委任進行不同領域的工作時，如果不懂這個領域所使用的專業術語，通常在搜尋網站上面查詢也能有所斬獲。

若需要用英文寫E-mail、商業信件等，或是閱讀英文資料時，以前英漢、漢英字典可以派上用場，如今網路上也能找到各類型實用網站，甚至提供造句範例、一堆同義詞……作為書寫英文商用書信或回覆E-mail的參考。

活用「我的最愛」和建立資料夾

像這類資訊多元又實用的網站，若能夠配合自己的需求方便使用，也沒什麼網路負評，就可以加到「我的最愛」持續運用。

當網站數量增加之後，可以建立資料夾，例如字典網站就收到字典資料夾，進行歸類整理；如果只是雜亂地排在一起將會很難找。

有的網站用過幾次之後，若發現可信度不夠或使用起來不方便，還是工作結束後就不會再用到，就要把它刪除。

這個動作，只要在整理系統的管理、檢查時間來進行就可以了。

如果不限制在某種程度做管理，就算好不容易加入「我的最愛」，也必須在電腦螢幕上努力找網站，結果光是連結上網站就要花費不少時間，這麼一來就失去快速查詢實用網站的優點了。

善用電腦儲存網頁，避免無謂列印

還有，不要每次看到感興趣的資訊就列印出來。

如果列印出來當成報紙剪報，除了紙張不斷增加之外，也沒辦法活用電腦的功能，結果變成忙著整理紙本資料，煩惱收納空間不夠用。

既然網頁也可以儲存，那就配合目的與必要性，在電腦裡面做整理就好。

此外，為了找尋適當的網站而進行長時間網路瀏覽，是很浪費時間的。每個人應該都有過一、兩次這樣的經驗，那就是找不到有用的資訊，結果一找就花了好長好長的時間。

如果不是那麼容易找得到的，當下就應該考慮其他方法或是決定「再找五分鐘」的時限。像是詢問熟悉該領域的人，或是請人推薦一些好網站，甚至是搜尋紙本媒體，效率可能都會比較高。

善用網路廣蒐資訊

書寫文章時可以運用各類辭典
英漢・漢英辭典
同義詞辭典
專有名詞
公司簡介或官方發布的統計數據
●出差的時候……
時刻表、路線圖
MAP
地圖
HOTEL
旅館資訊

●頻繁使用的網站就加入「我的最愛」

我的最愛

- 客戶相關首頁
- 傳媒相關首頁
- 官方統計
- 交通相關首頁
- 旅館預約
- 相關公司首頁
- 業界新聞首頁
- 招待用餐飲首頁
- 業界其他公司首頁

不需要的就刪除。

●用網路搜尋資訊要有限度

啊！都這麼晚了……

過度深陷網路是浪費時間。

關鍵
7

簡便的電子郵件檢查與管理

檢查電子郵件同時就進行處理

電子郵件已經成為工作上不可或缺的工具之一了。正因為如此，每天收到的電子郵件數量也相當可觀。

當然依據職業、職位、職場環境，數量會有所不同，但是也有人每天會收到好幾百件訊息，忙著整理分類。收件數量一多，光是檢查信件就會花不少時間，而且也很可能把真正重要的訊息給埋沒了，所以重要的是徹底執行適合自己的管理方法。

首先，來看看電子郵件的檢查，如果在每次收件的時候只是閱讀卻延後處理，效率會很差。像「守則二」所說的，新收到的訊息要跟文件一樣，在檢查的同時就進行處理才是上策。「守則二」的內容就是「將新文件確實分類」。

每一次收到信件就做處理，效率也會很差，所以關掉音效通知的功能比較好。若是不關掉音效，即使想在一定時間做處理，只要聽見收到信件的聲音，就會想要去看一下。

由自己設定檢查時間

如果沒有急件要處理，就自己設定檢查電子郵件的時段與次數吧。當然要看狀況來做調整，不過很多人會選擇剛上班的時段、午休之後、傍晚、下班前，大概四次左右。

如果是分秒必爭的急事，就應該打電話才對。即使是需要回信的郵件，也可以抓個幾小時的猶豫時間；除了要求馬上回信的客戶之外，絕大多數只要在當天回信就沒問題了。

大致過目之後，類似聊天內容的電子郵件馬上就刪除；而需要回覆的，馬上寫好回覆傳送出去。只有必須跟外出中的上司商量的情況等，不得已要保留的狀況是例外。

如何避免漏回E-mail

還有一種分類方法，可以一眼看出郵件是否已經處理完畢。

擔任電腦系統整合工程師的渡邊光好先生，就推薦在常常靠電子郵件指示作業命令的時候，建立「未處理」和「已處理」兩個資料夾來分類訊息。

也就是先建立「未處理」和「已處理」兩個資料夾，作業還沒結束的放在「未處理」，處理完的就放在「已處理」的方法。

不只是作業指示，甚至與客戶的往來等等，也都可以用這種方式來分類。需要回覆的郵件在回覆之後就移動到「已處理」中，只有不得不保留的才放在「未處理」裡面。

只要把「未處理」資料夾的檢查，當成整理系統管理、檢查中的一環，就可以防止忘記回覆的失誤了。

以Outlook Express來看，可以從「檔案」選單選擇「新增」裡面的「資料夾」，或是選擇「資料夾」裡的「新增」，來建立新的資料夾。如果建立在「本機資料夾」裡面，就會跟「收件匣」、「寄件匣」等其他資料夾排在一起，出現一個新的資料夾。

以收件對象進行分類保存

也可以用對象來分類保存電子郵件。好比說跟某人有密切的郵件往來，必須將郵件保存一定時間做紀錄時，可以對方公司名稱或負責人為名建立資料夾，就會自動儲存到這資料夾裡面去。

這個作法也很簡單。首先用滑鼠游標選取已經收到的某件訊息，然後開啟「工具」選單，點選「郵件規則」裡面的「郵件」，或是點選「郵件」選單裡面的「從郵件建立規則」。接著會出現一個對話框，只要在「選擇規則的動作」裡面的「移至指定的資料夾」選項上面打勾就可以了。

這麼一來，電子郵件在收件階段，就會自動移到特定名稱的資料夾裡面。

或許有人覺得這樣看不出來有沒有收到信，但根據實際操作過的人說法，只要看資料夾名稱旁邊出現的未讀信件數字，馬上就知道有沒有新郵件了。

即使刪除不要的郵件，卻把其他郵件全部堆在「收件匣」裡面，數量也會非常龐大，這是造成使用不便的原因之一。因此要下工夫建立資料夾做分類，並且定期檢查，將不要的郵件刪除。

高效率的電子郵件處理

自己決定檢查電子郵件的時間。

電子郵件事務，
要在看過郵件之後馬上處理。

不會忘記處理電子郵件的分類法

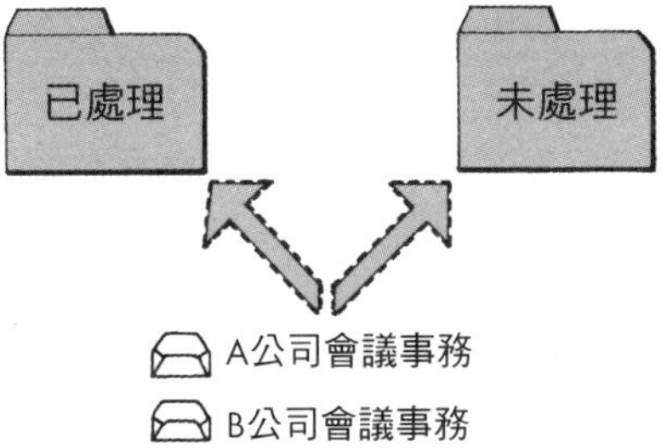

分成「已處理」和「未處理」兩個資料夾。

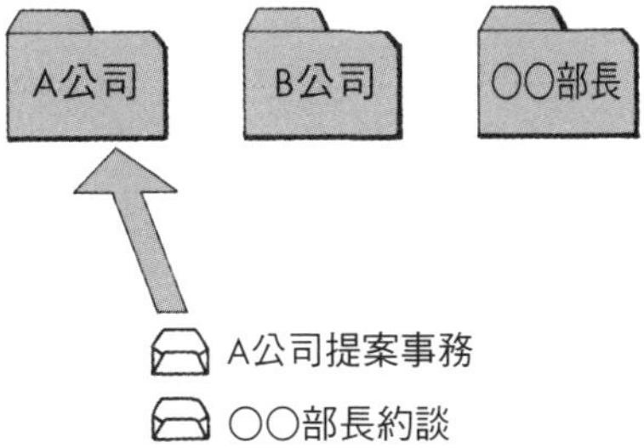

以對象來分別建立資料夾。

後記

不擅長整理的人，只要聽到別人對他說「快點去整理一下」，可能心情就會低落，甚至悶悶不樂。

因為心裡充滿了「反正我就是做不好」、「這種事情我早就知道了」等負面情緒，才會造成這種情況。

這個世界上的確沒有像魔法一樣的整理術，可以在瞬間就把辦公桌周圍整理得乾乾淨淨。

但是稍微改變一下想法和作法，嘗試採取與以往不同的行動，物品、資訊、工作就會出乎意料地整理得乾乾淨淨了。

只要踏實地不斷整理、檢查文件或資料，那麼每樣東西都會乖乖待在適當的場所裡面。

而在這段期間，你就會獲得「可以把東西整理得乾乾淨淨」的自信，並深刻體會到井然有序時的滿足感。

接著，你會同時發現工作效率變得比以前更好，並充滿自主性與創造性。

國家圖書館出版品預行編目(CIP)資料

史上最強整理術：掌握三大要領、七大守則，輕鬆提升工作效能【暢銷新版】/三橋志津子著；Kainin譯. -- 2版. -- 臺北市：商周出版：英屬蓋曼群島商家庭傳媒股份有限公司城邦分公司發行, 民110.09
248面；14.8×21公分. -- (ideaman;132)
譯自：最強の整理術
ISBN 978-626-7012-53-6(平裝)

1.事務管理 2.文書管理

494.4　　110012754

ideaman 132

史上最強整理術

掌握三大要領、七大守則，輕鬆提升工作效能【暢銷新版】

原著書名／最強の整理術
原出版社／株式会社河出書房新社
作者／三橋志津子
譯者／Kainin
選書編輯／劉玫琦、劉枚瑛
協力編輯／連秋香

版權部／黃淑敏、吳亭儀、江欣瑜
行銷業務／黃崇華、周佑潔、張媖茜
總編輯／何宜珍
總經理／彭之琬
事業群總經理／黃淑貞
發行人／何飛鵬
法律顧問／元禾法律事務所　王子文律師
出版／商周出版
台北市104中山區民生東路二段141號9樓
電話：(02) 2500-7008　傳真：(02) 2500-7759
E-mail：bwp.service@cite.com.tw
Blog：http://bwp25007008.pixnet.net./blog
發行／英屬蓋曼群島商家庭傳媒股份有限公司城邦分公司
台北市104中山區民生東路二段141號2樓
書虫客服專線：(02)2500-7718、(02) 2500-7719
服務時間：週一至週五上午09:30-12:00；下午13:30-17:00
24小時傳真專線：(02) 2500-1990；(02) 2500-1991
劃撥帳號：19863813　戶名：書虫股份有限公司
讀者服務信箱：service@readingclub.com.tw
城邦讀書花園：www.cite.com.tw
香港發行所／城邦(香港)出版群組有限公司
香港灣仔駱克道193號超商業中心1樓
電話：(852) 25086231傳真：(852) 25789337
E-mailL：hkcite@biznetvigator.com
馬新發行所／城邦(馬新)出版群組【Cité (M) Sdn. Bhd】
41, Jalan Radin Anum, Bandar Baru Sri Petaling,
57000 Kuala Lumpur, Malaysia.
電話：(603)90578822　傳真：(603)90576622
E-mail：cite@cite.com.my

美術設計／簡至成
印刷／卡樂彩色製版印刷有限公司
經銷商／聯合發行股份有限公司
電話：(02)2917-8022　傳真：(02)2911-0053

■2008年（民97）6月初版　■2021年（民110）9月30日初版
定價／350元
Printed in Taiwan
城邦讀書花園
www.cite.com.tw

ISBN 978-626-7012-53-6

SAIKYO NO SEIRI-JUTSU
by MITSUHASHI Shizuko

Idea man